VIRKKURI 2

First published by Kustannusosakeyhtiö Nemo 2014

Molla Mills

모던 시크 코바늘 손뜨개 2

몰라 밀스 지음 | 구영옥 옮김 | 박진선 감수

WILLSTYLE

코바늘 손뜨개 전문가인 몰라 밀스(1979년생)는 핀란드에서 디자인과 응용예술 석사 학위를 받았습니다. 핀란드 포흐얀마 출신의 몰라 밀스가 이 책에서 소개하고 있는 작품들은 헬싱키의 인기 있는 지역인 칼리오에 위치한 그의 아틀리에 린넌라울루(Linnunlaulu, '새소리'라는 의미) 스튜디오에서 탄생했습니다. 몰라의 아틀리에 선반들은 털실과 트라필로 실타래로 터질 듯하고, 바닥과 긴 소파에는 완성된 작품과 작업 중인 작품들로 가득합니다. 작업대 위에는 코바늘 손뜨개 작품으로 탄생하기를 기다리는 도안과 실 견본이 무더기로 쌓여 있고, 큰 머그잔은 코바늘로 가득 차 빈틈이 없습니다. 수공예가들의 꿈의 아틀리에인 이곳의 미러볼 아래에서는 반짝이는 아이디어들이 훌륭한 작품으로 탄생하고 있습니다!

VIRK
KURI

CONTENTS

1 코바늘 손뜨개의 기초

2 인테리어 소품

인테리어 소품

3 패션 액세서리

가방

파우치와 주머니

옵티컬 패턴

4 건강한 손뜨개

도트 무늬 쿠션
p122
빈티지 가죽끈 바구니
p84
도트 무늬 러그
p130

빈티지 스트랩 클러치백
p262
패브릭 양동이 S
p106
둥근 뚜껑 바구니
p94
도트 무늬 가방
p148
목걸이 주머니
p214
옷걸이 수납 주머니
p140
오렌지 스트랩 클러치백
p254
사각 파우치
p208
사슬 무늬 파우치
p192
육각 무늬 토트백
p160
큐브 무늬 클러치백
p228
뜨개 체인은 몰라 밀스의 첫 번째 책
〈모던 시크 코바늘 손뜨개〉에 수록된
작품이다.(윌스타일, 2016)

LANKATAVARATALO

들어가며

몰라 밀스. 나의 첫 번째 책 《모던 시크 코바늘 손뜨개》 덕분에 어쩌면 독자들은 이미 내 이름을 알고 있을지도 모르겠다. 이번 두 번째 책은 영감을 받은, 또는 영감을 주는 새로운 작품들을 만날 수 있는 작품집이 될 것이다.

첫 책이 나오고 1년 동안 나는 여러 전시회와 마켓을 다니는 데 많은 시간을 보냈고, 수공예를 알리기 위해 다양한 잡지와 방송에도 출연했다. 매일 작품 활동도 병행한 덕분에 지금 독자들이 읽고 있는 두 번째 책도 무사히 출판할 수 있게 되었다. 그만큼 매우 바쁜 한 해였다!

책을 쓰는 동안에는 많은 것을 배우게 된다. 나 역시도 나의 강점과 수공예가로서의 입지를 알게 되었다. 다양한 분야의 전문가들을 만나기도 했다. 그리고 무엇보다도 새로운 도전을 시작하기 전에 밀려오는 불안을 이겨낼 수 있게 되었다. 처음 책을 쓰기로 했을 때는 나의 작품이 파리 수공예 아틀리에에 이처럼 빠른 속도로 반향을 일으키리라 상상조차 하지 못했다. 그때까지만 해도 나는 스포트라이트를 받을 만한 상황을 완벽하게 피하고 있었기 때문이다. 하지만 이제 모든 것이 바뀌었다. 이제 나는 각자의 불안에 맞서고 이겨내라고 충고한다.

인상 깊었던 또 다른 변화는 과거의 완벽주의가 이제는 편안함으로 바뀌었다는 것이다. 너무 잘하려다가 오히려 일을 그르치는 법이다. 처음 책을 쓰기 시작할 때 세운 목표들을 달성하지 못할까 봐 나는 심각하게 고민하고 있었다. 완벽주의 때문에 작업은 진척이 없고 책 마감도 지키지 못할 정도로 시간만 낭비하고 있다는 것을 곧 깨달았다.

언젠가 도달할 수 있는 것이 완벽이라면 완벽함이란 무엇일까? 내 경험에 따르면 작품의 초안이 잡히자마자 다른 사람들에게 보여주는 것이 중요했다. 목표 달성에 이르는 전혀 새로운 길로 나아갈 수 있기 때문이다. 이 새로운 길은 타인이 우리를 관찰하면서 발견하고 알려주는 길로, 혼자서는 결코 알 수 없는 작업 방식과 개선 방안의 길로 안내해준다. 게다가 금상첨화로 기대를 훨씬 넘어서는 결과물까지 얻을 수 있다. 여기에서 필요한 것은 단지 약간의 용기뿐이다. 그러한 용기를 내지 못했다면 나는 코바늘 손뜨개 저자가 되지 못했을 것이고, 나의 책도 드로잉북 속에서 도안 상태로 남아 있었을 것이다.

핀란드에서뿐만 아니라 해외에서도 많은 독자가 나의 첫 번째 책을 보고 용기를 얻어 코바늘 손뜨개에 심취하고 있다. 나의 취미 생활이 그 영역을 넓혀 많은 코바늘 손뜨개 애호가들에게 영감을 주고 있는 것이다. 도서관에서 가장 좋아하는 코너에 나의 책이 꽂히고, 그것도 가장 많이 찾는 책 중 하나가 된다는 건 소녀 시절의 나로서는 상상조차 할 수 없는 일이었다. 그러니 이 여행을 멈추지 말자. 예상치 못한 영예로운 날이 올지 누가 알겠는가!

1

코바늘 손뜨개의 기초

나의 도구들

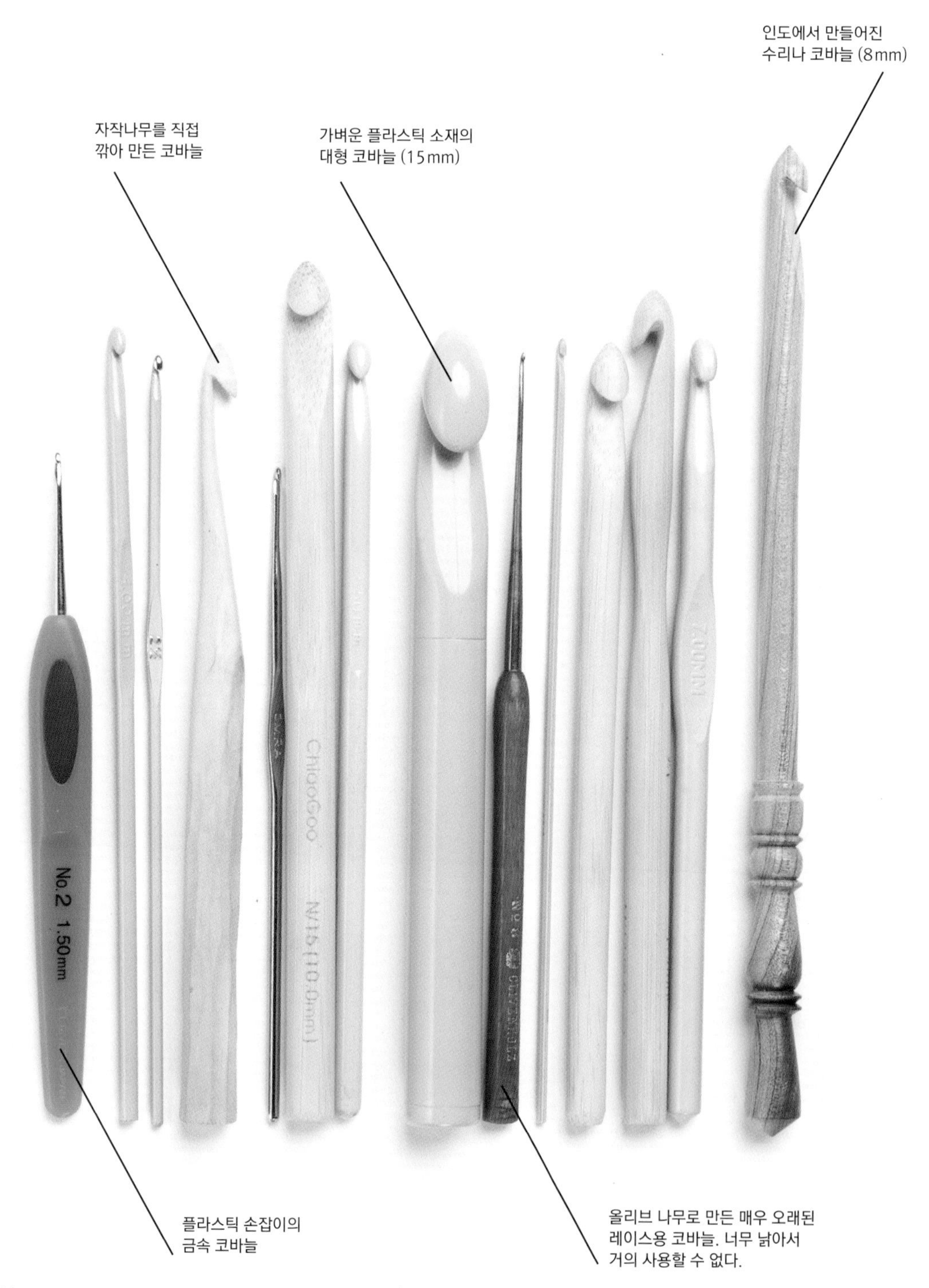
인도에서 만들어진
수리나 코바늘 (8mm)
자작나무를 직접
깎아 만든 코바늘
가벼운 플라스틱 소재의
대형 코바늘 (15mm)
No.2 1.50mm
ChiaoGoo
N/15 (10.0mm)
7.00MM
플라스틱 손잡이의
금속 코바늘
올리브 나무로 만든 매우 오래된
레이스용 코바늘. 너무 낡아서
거의 사용할 수 없다.

중국 나무로 만든 가장 아끼는
코바늘 (15.75mm)
사시나무를 직접 깎아 만든
미완성된 코바늘
ChiaoGoo Q (15.75mm)
6.00 mm
치아오구 나무
점보코바늘 (25mm)
네팔 자단나무로
만든 코바늘

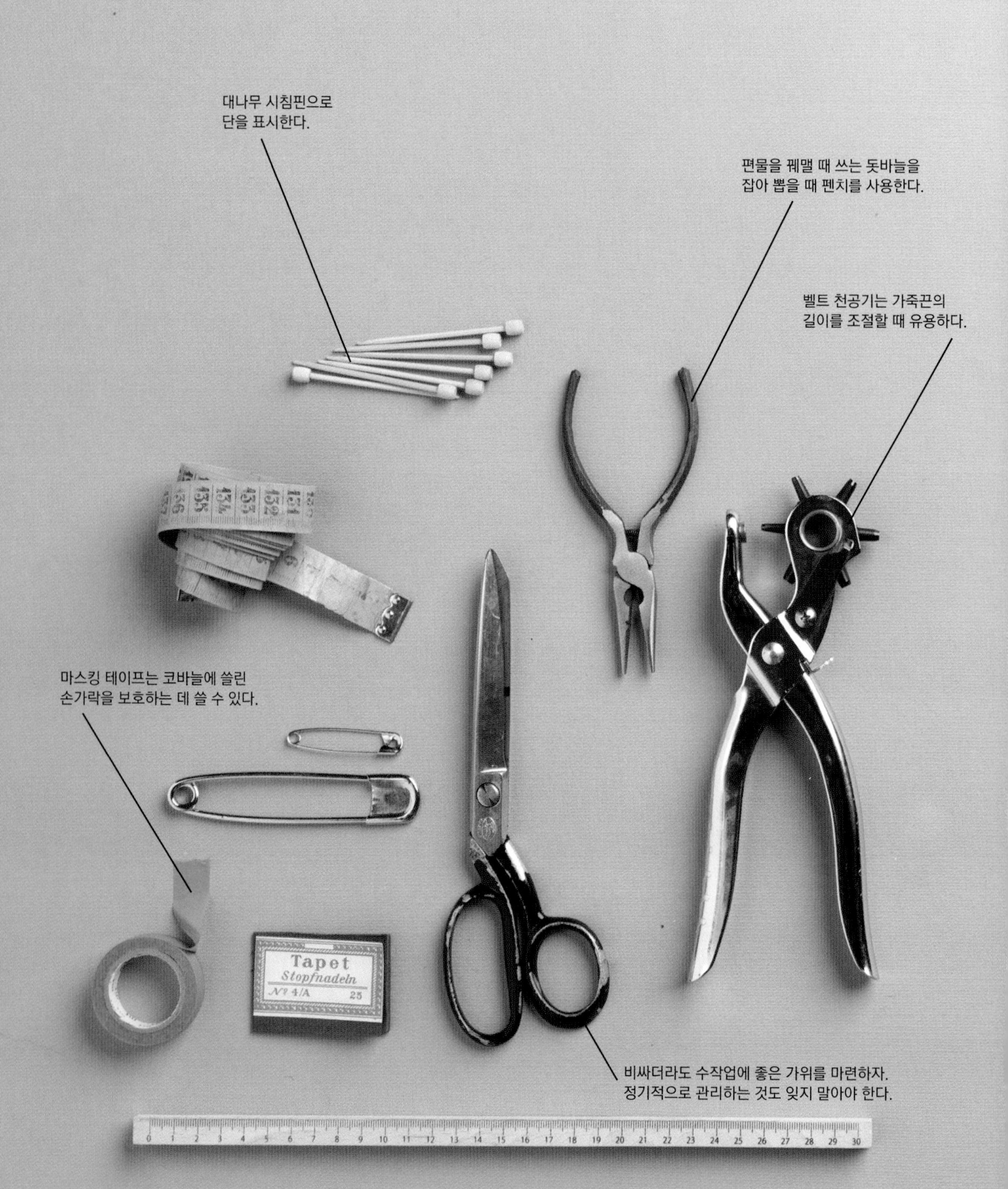
대나무 시침핀으로
단을 표시한다.
편물을 꿰맬 때 쓰는 돗바늘을
잡아 뽑을 때 펜치를 사용한다.
벨트 천공기는 가죽끈의
길이를 조절할 때 유용하다.
마스킹 테이프는 코바늘에 쓸린
손가락을 보호하는 데 쓸 수 있다.
Tapet
Stopfnadeln
№ 4/A
25
비싸더라도 수작업에 좋은 가위를 마련하자.
정기적으로 관리하는 것도 잊지 말아야 한다.

독일에서 살 때 오토 스템펠 앤 드럭
(Otto Stempel & Druck)에서 직접 스탬프를
만들었다. 작품에 붙이는 라벨을 만드는 데 쓴다.
물에 적신 천과 함께
작품을 뒤집어서 다린다.
돗바늘은 실을 정리하기 위해 안으로 꿰매거나
작품을 이어 붙일 때 쓴다.
Lemminkäisen äidin
terva-pihka
salva
항상 필기도구를 휴대하자.
언제 좋은 아이디어가 떠오를지 모른다!
건조한 피부에 효과적인
타르나 송진 성분의 연고.

실 고르기

1

2

3

4

5

6

7

8

9

1 트라필로(Trapilho)는 색상이 다양하다. 섬유 공장의 자투리 천을 재활용하기 때문에 품질도 천차만별이며 면 100%와 면 혼방이 있다. 타래 중량도 각기 다르다.

2 대걸레를 연상시키는 모파리(Moppari) 또는 트위스트 몹 얀(Twisted Mop Yarn)은 코바늘 손뜨개 작품의 거친 질감을 잘 표현해준다. 재활용 섬유로 만든 모파리는 면(75%)과 아크릴(25%)을 섞어 만든다. 한 타래에 1kg이다.

3 파울라(Paula) 굵은 면사는 일부 재활용된 섬유로 만들어졌다. 패브릭 양동이 L(p116)은 이 실로 만든 것이다. 한 타래에 1kg이다.

4 튜브 형태의 에코(Eko) 저지 실은 80%의 면과 20%의 혼방섬유로 만든다. 처음 세탁하면 15% 정도 수축한다. 한 타래에 1kg이다.

5 주트(Jute)는 황마로 만든 거친 질감의 실이다. 뜨개질할 때 잘 풀어지는 특징이 있지만 작품에 자연스러운 멋을 준다. 한 타래에 300g이다.

6 투비(Tuubi)는 다양한 작품에 이용할 수 있는 튜브 형태의 저지 실이다. 특히 패션 액세서리나 인테리어 소품에 좋다. 일부 재활용된 면과 섞어 만든다. 한 타래에 500g이다.

7 리나 코튼 트와인(Liina Cotton Twine)은 색상과 굵기가 다양하다. 최근 수오멘 란카(Suomen Lanka) 사에서 스페셜 상품으로 내구성이 매우 강한 리나 코튼 트와인을 만들어 〈몰라 밀스〉라고 이름을 붙였다. 한 타래에 500g이다.

8 풋키스(Putkis)는 면 100% 튜브 형태의 저지 실이다. 옷걸이 화분 커버(p136)를 만드는 데 사용했다.

9 튜브 형태의 에스터리(Esteri) 저지 실은 유일하게 코바늘 손뜨개에 추천할 수 있는 합성섬유(폴리에스테르) 실이다. 패브릭 양동이 S(p106)를 보면 알 수 있듯이 짜임새가 견고한 작품을 만들 수 있다. 한 타래에 1kg이다.

10 카타니아(Catania) 면사는 놀랄 만큼 색상이 다양하다. 한 타래에 50g이다.

11 카타니아 그란데(Catania Grande)는 카타니아보다 무거운 실이다. 이 면사로 만든 작품의 짜임새는 단단하고 내구성이 뛰어나다. 한 타래에 50g이다.

코바늘 손뜨개 견본

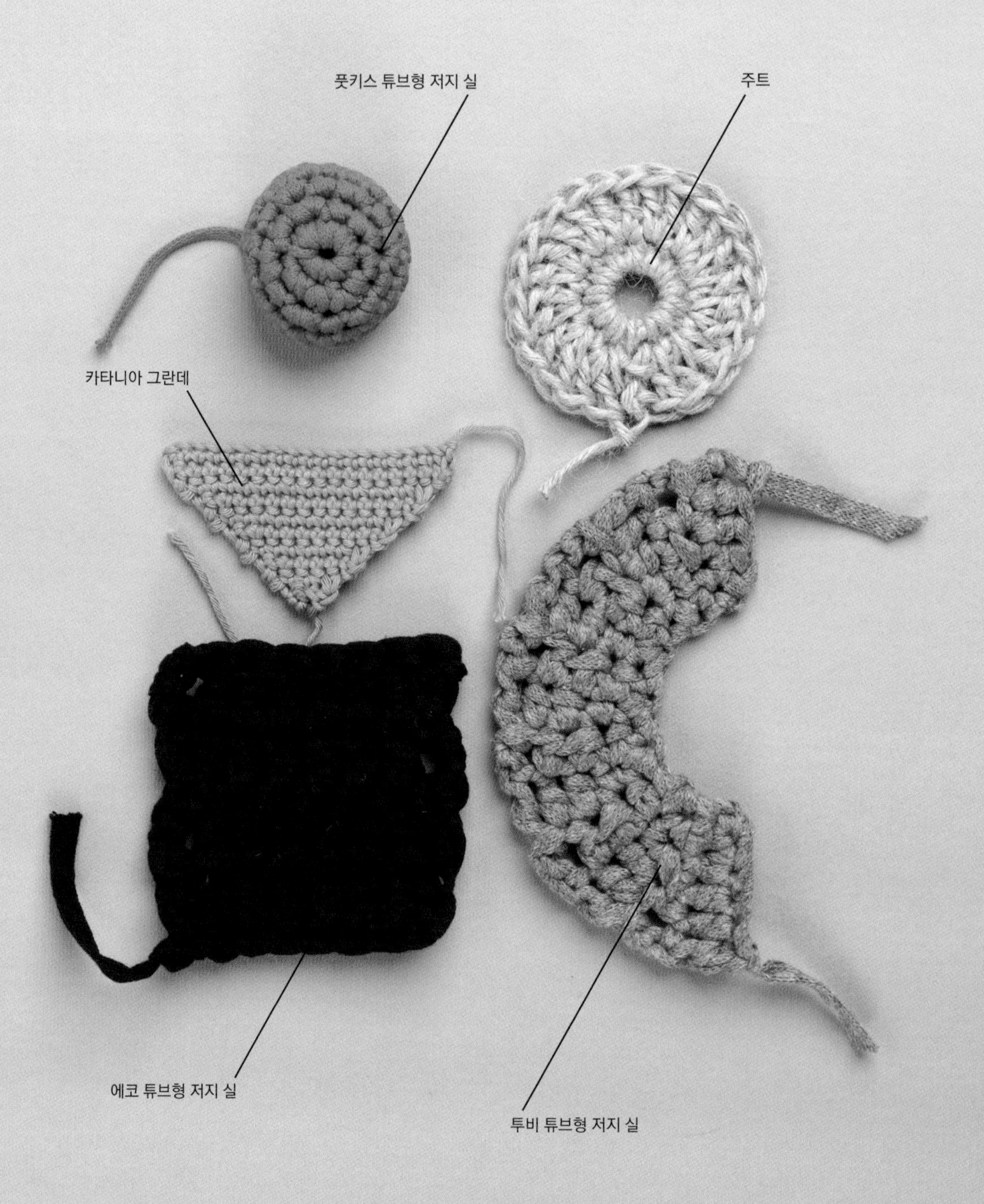

파울라 굵은 면사
에스터리 튜브형 저지 실
카타니아
리나 코튼 트와인
18겹
트라필로
무염색 트라필로
리나 코튼 트와인
12겹

코바늘 손뜨개 기법

바늘 쥐기와 첫 코 만들기

1

2

3

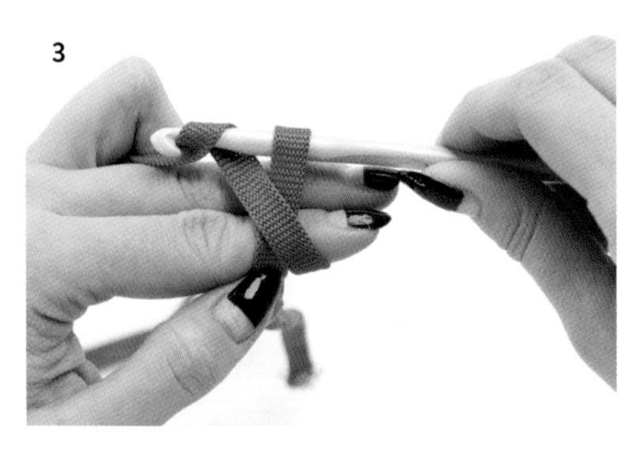

4

5

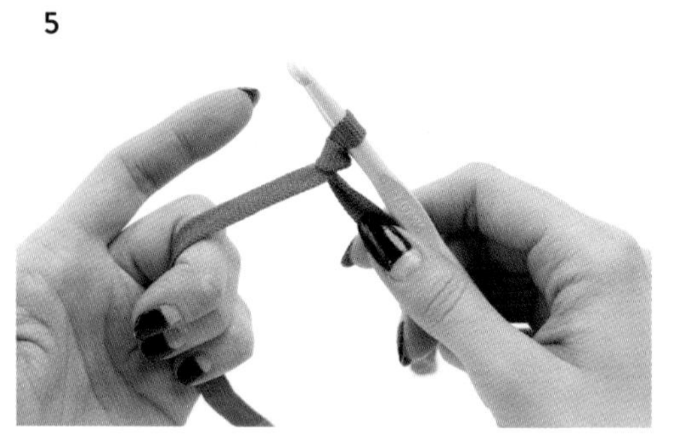

6

1 가는 실로 편물을 뜰 때는 바늘을 연필처럼 잡으면 작업하기 수월하다.

2 굵은 실로 편물을 뜰 때는 칼을 쥐듯 바늘을 잡는다.

3 첫 코는 풀매듭이며 다양한 방법으로 만들 수 있다. 여기서는 손가락에 실을 두 번 감아 만들었다.

4 바늘에 실을 한 번 걸어 고리 밑으로 바늘을 통과시킨다.

5 고리에서 손가락을 빼고 매듭이 생기도록 실을 당겨 조여 준다. 이제 바늘에 한 개의 코가 만들어져 편물을 뜰 준비가 되었다.

6 실을 잡는 방법은 사람마다 각기 다르다. 여기서는 세 손가락으로 실을 잡아 실에 힘을 일정하게 유지한다.

사슬뜨기와 손으로 뜨기

1

2

3

4

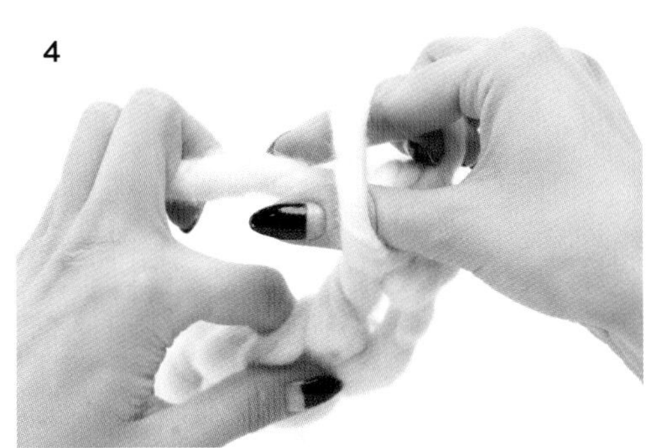

5

1 첫 코를 만들고 바늘을 잡지 않은 손의 검지와 엄지로 편물을 잡고 나머지 손가락으로 실을 잡는다. 바늘에 실을 한 번 건다.

2 바늘에 걸린 고리 안으로 실을 빼낸다.

3 똑같이 바늘에 실을 한 번 걸고 고리 안으로 빼낸다. 짜임의 크기가 일정하도록 실에 힘을 똑같이 유지해야 한다.

4 바늘 없이 손으로도 사슬뜨기를 할 수 있다. 손으로 뜨려면 굵고 부드러운 실이 좋다.

5 손으로 뜬 편물은 짜임이 느슨하다. 그래서 러그처럼 사이즈가 큰 작품을 만들 때 적합하다.

짧은뜨기

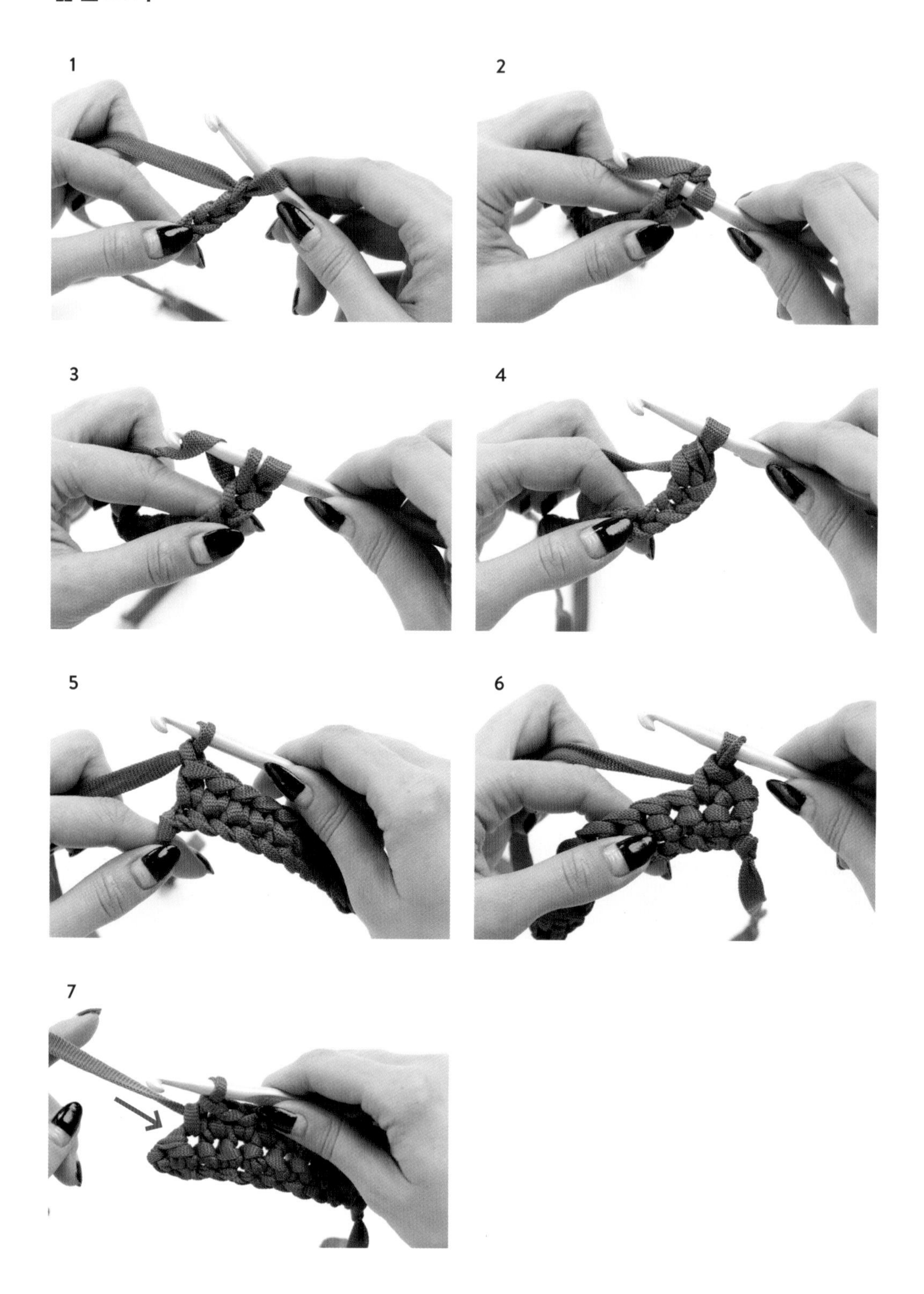

8

1 먼저 사슬뜨기로 원하는 만큼 코를 만든다.

2 바늘에서부터 두 번째 코에 바늘을 넣고 실을 한 번 건다.

3 사슬코 안으로 실을 빼내고 다시 바늘에 실을 한 번 건다.

4 바늘에 걸린 두 고리 안으로 한 번에 실을 뺀다. 첫 번째 짧은뜨기가 완성되었다.

5 나머지 코에도 짧은뜨기를 한다. 2단은 사슬뜨기로 시작한다.

6 2단의 처음 부분에서는 사슬뜨기가 첫 번째 짧은뜨기가 된다. 바늘에서부터 두 번째 코의 사슬 두 가닥 아래에 바늘을 넣어 두 번째 짧은뜨기를 뜬다.

7 나머지 코에도 짧은뜨기를 1코씩 뜬다. 짧은뜨기 마지막 코가 사진의 화살표처럼 완성되었다.

8 원하는 만큼 단을 완성한다. 각 단의 폭을 똑같이 유지하기 위해서 때때로 코의 개수를 센다. 코의 개수가 달라지면 가장자리가 울퉁불퉁해진다.

원통형으로 짧은뜨기

6

1 원하는 만큼 사슬코를 만든다. 첫 번째 사슬코에 짧은 뜨기를 떠서 편물을 원통형으로 이어준다. 각 사슬코에 짧은뜨기를 한다.

2 원통형으로 2단도 완성한다.

3 바늘을 넣을 때는 코머리의 사슬 두 가닥 아래에 바늘을 넣어야 함을 항상 기억한다.

4 코마다 짧은뜨기 1코씩을 뜬다.

5 원통형으로 뜬 편물에는 단이 바뀔 때 경계가 생기지 않지만, 단이 바뀌는 부분이 조금 어긋난다.

6 사진의 왼쪽 편물은 왕복뜨기로 짧은뜨기하여 완성한 것이고, 오른쪽 편물은 원통형으로 짧은뜨기하여 완성한 것이다. 뜨는 방법에 따라 짜임에 어떠한 차이가 있는지 알 수 있다. 원통형으로 뜬 편물의 짜임이 왕복뜨기로 완성한 편물보다 더 균일하다. 왕복뜨기는 짧은뜨기의 안면과 겉면에 차이가 생긴다.

2월의 어느 날, 몰라 밀스 덕분에 코바늘 손뜨개 붐이 일었던 파리의 한 아틀리에에서 프랑스 여성들이 코바늘 잡는 법과 사슬뜨기를 배우고 있다.
사진 : 유하 누루미넨(Juha Nurminen)

단 끝에서 모아뜨기

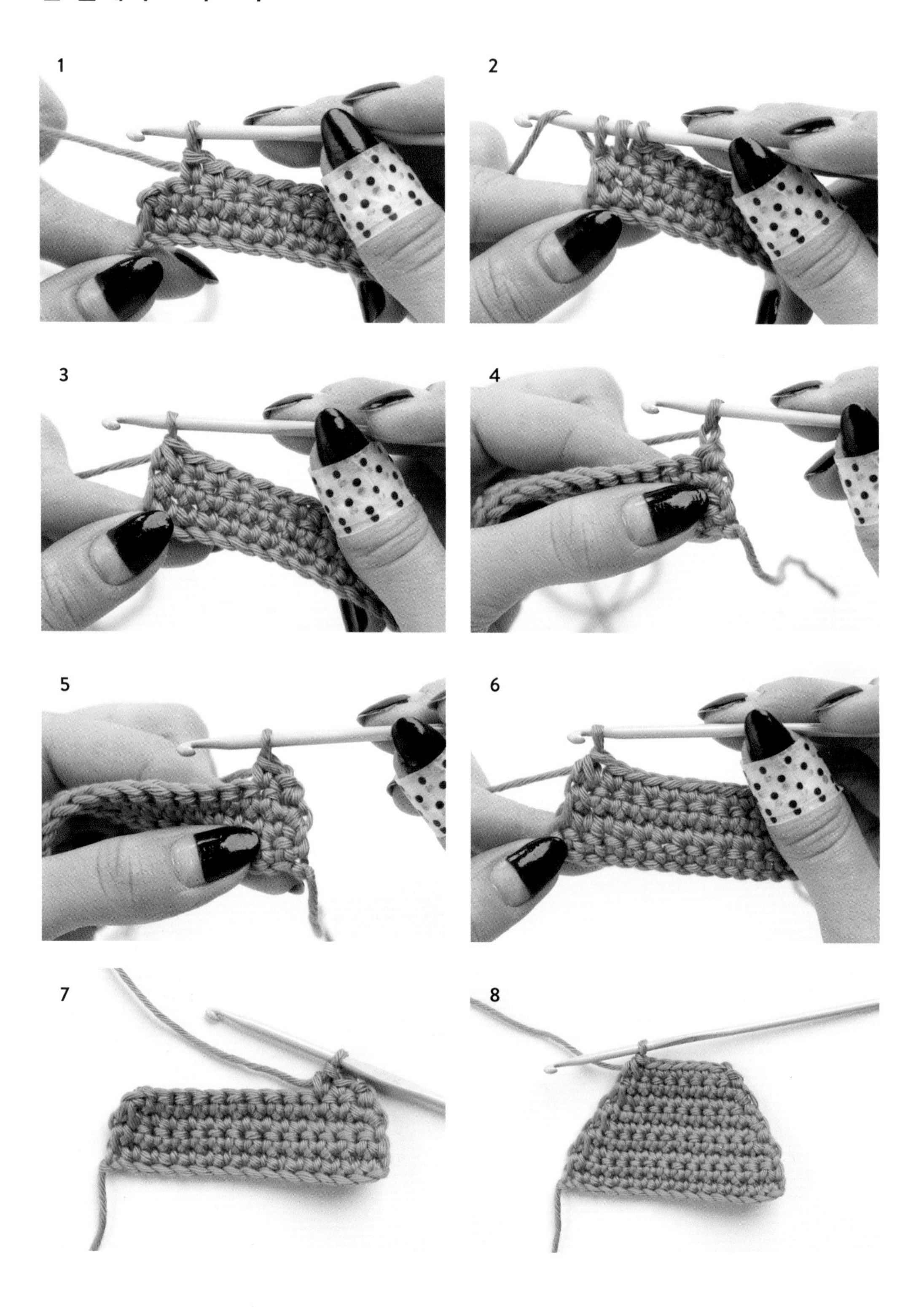

9

1 단 끝에 두 코가 남았을 때 모아뜨기를 시작한다.

2 코에 바늘을 넣고 실을 한 번 걸어 코 안으로 빼내 바늘에 2개의 고리가 생기도록 한다. 마지막 코에도 바늘을 넣고 실을 한 번 걸어 코 안으로 빼낸다. 이제 바늘에 3개의 고리가 생겼다.

3 바늘에 걸린 3개의 고리 안으로 실을 한 번에 빼낸다.

4 편물을 돌린다. 사슬뜨기를 1코 떠서 새로운 단을 시작한다.

5 나머지 코에도 짧은뜨기를 한다.

6 **2~3**을 반복해 2코 모아뜨기를 하며 단 끝에서 코를 줄인다.

7 새로운 단을 시작할 때마다 사슬뜨기 1코로 시작하고 나머지 코마다 짧은뜨기를 한다.

8 그러면 균일하게 모아뜨기가 완성된다.

9 사진의 왼쪽 편물은 위와 같은 방법으로 완성했고, 오른쪽 편물은 단의 첫 코에 사슬뜨기를 하지 않고 완성한 것이다. 그래서 단마다 1코씩 줄었다.

한길긴뜨기

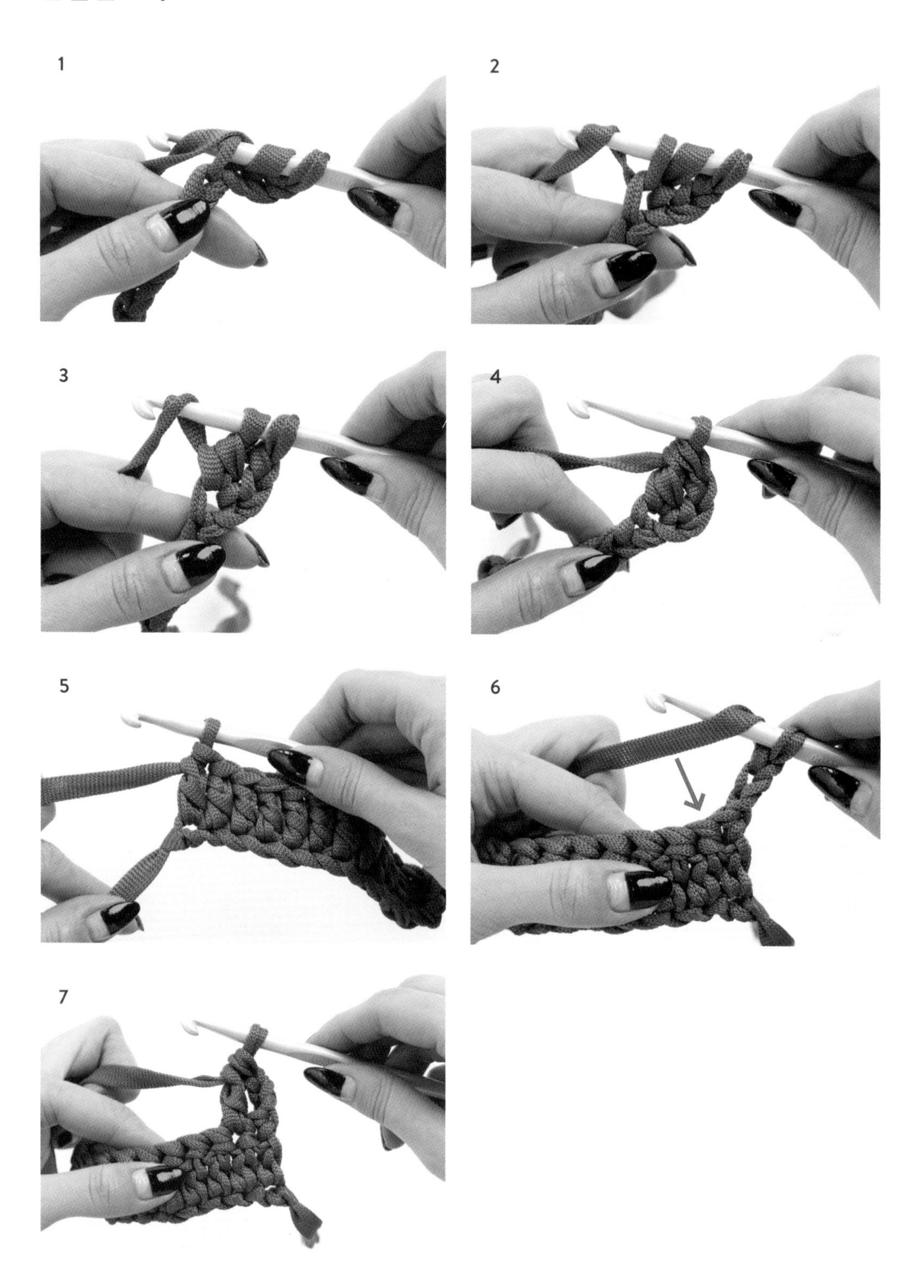

8

1 **1단.** 원하는 만큼 사슬코를 만든다. 바늘에 실을 한 번 걸고 코바늘에서 네 번째 코에 바늘을 넣고 다시 한번 실을 건다. 사슬뜨기의 첫 3코가 첫 번째 단의 첫 번째 한길긴뜨기가 되는 것이다.

2 고리를 통해 실을 빼낸 다음 다시 바늘에 실을 건다.

3 바늘에 걸린 두 개의 고리 안으로 실을 빼내고 다시 실을 건다.

4 고리 두 개 안으로 실을 빼낸다. 한길긴뜨기 첫 번째 코가 완성됐다.

5 각 사슬코마다 한길긴뜨기를 한다.

6 **2단.** 편물을 돌리고 사슬뜨기 3코를 떠서 첫 번째 한길긴뜨기를 만든다.

7 사진 **6**에 표시된 것처럼 바늘에서 두 번째 코에 바늘을 넣어 첫 번째 한길긴뜨기를 완성한다. 바늘을 넣을 때는 항상 머리코의 사슬 두 가닥을 한꺼번에 잡아 뜬다.

8 코마다 한길긴뜨기 1코씩을 뜬다.

원통형으로 한길긴뜨기

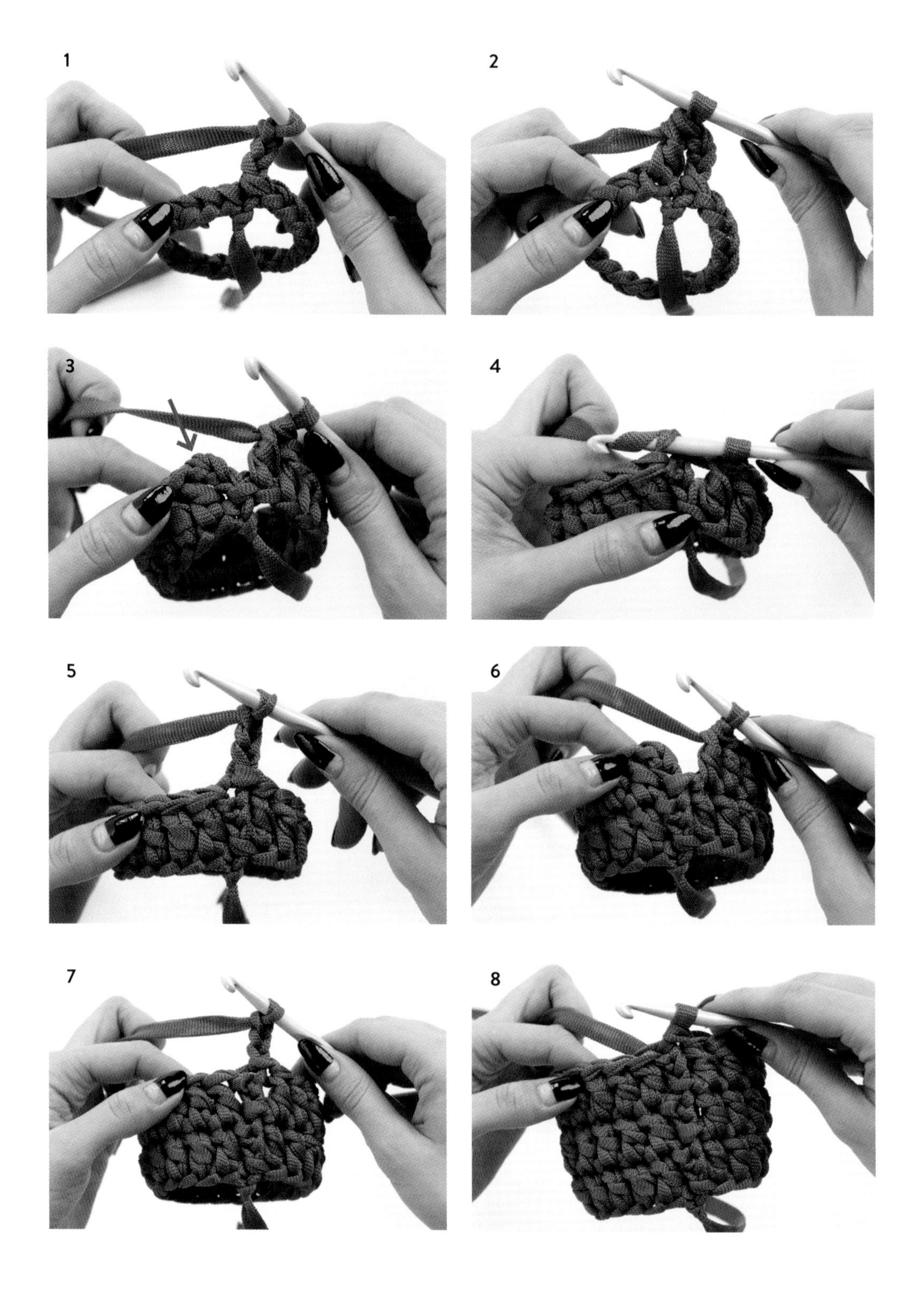

9

1 **1단.** 원하는 만큼 사슬코를 만든 다음 빼뜨기로 원통형을 만든다(p54 참조). 사슬뜨기 3코를 만든다. 이 사슬코 3개가 첫 번째 한길긴뜨기가 된다.

2 사슬코마다 한길긴뜨기 1코씩을 뜬다.

3-4 한 단을 다 뜨고 나면 처음 떴던 사슬뜨기의 세 번째 사슬코에 빼뜨기를 해서 이어주면 1단이 완성된다.

5 **2단 :** 사슬뜨기 3코를 뜬 후 단을 시작한다.

6 1단의 각 코에 한길긴뜨기 1코씩을 뜬다. 바늘을 넣을 때는 항상 코머리의 사슬 두 가닥을 한꺼번에 잡아 뜬다. 한 단을 다 뜨고 나면 세 번째 사슬코에 빼뜨기를 1코 떠서 단을 완성한다.

7 **3단 :** 사슬뜨기 3코를 뜬다. 단마다 사슬뜨기 3코를 뜨고 시작하는데, 이것이 한길긴뜨기 1코가 된다. 이 사슬코 때문에 단 사이에 경계가 생기지만, 가방의 모서리를 뜰 때처럼 경계가 필요한 경우도 있다.

8 각 코마다 한길긴뜨기 1코씩을 뜬 다음 빼뜨기로 단을 완성한다.

9 사진의 왼쪽 편물은 왕복뜨기로 한길긴뜨기 하여 완성한 것이고, 오른쪽 편물은 원통형으로 한길긴뜨기 하여 완성한 것이다. 두 편물의 짜임이 조금 다르다는 것을 알 수 있다.

실의 굵기에 따라 짜임이 어떻게 달라지는지 알아보자.
두꺼운 편물은 튜브 형태의 에스터리 저지 실로 뜬 것이고, 얇은 편물은 카타니아 면사로 뜬 것이다. 왼쪽 페이지의 편물들은 모두 한길긴뜨기로 완성한 것이다. 위쪽은 원통형으로 뜨고 아래쪽은 왕복뜨기로 떴다.
오른쪽 페이지의 편물들은 모두 짧은뜨기로 완성한 것이다. 위쪽은 원통형으로, 아래쪽은 왕복뜨기로 떴다.

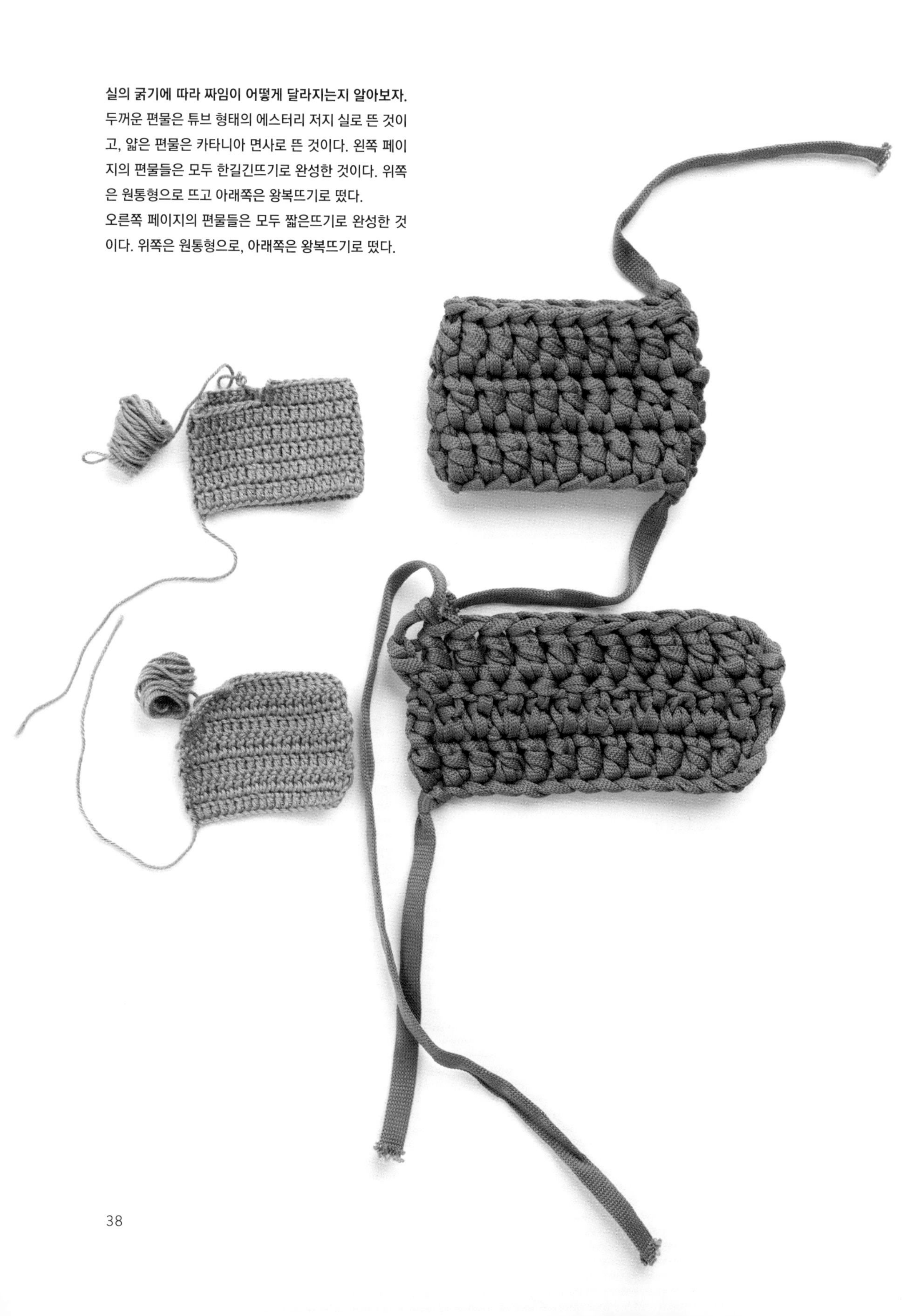

원형뜨기

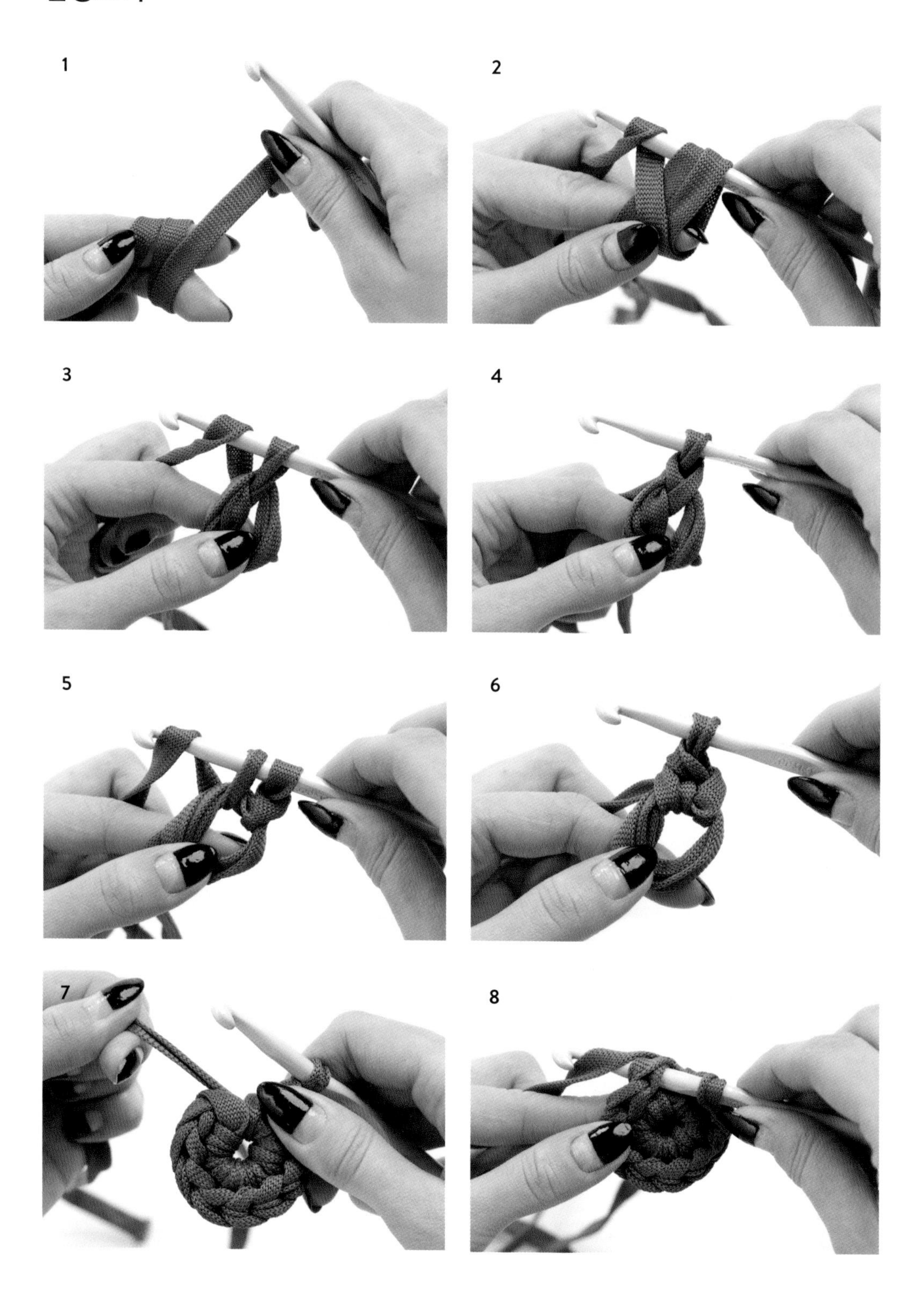

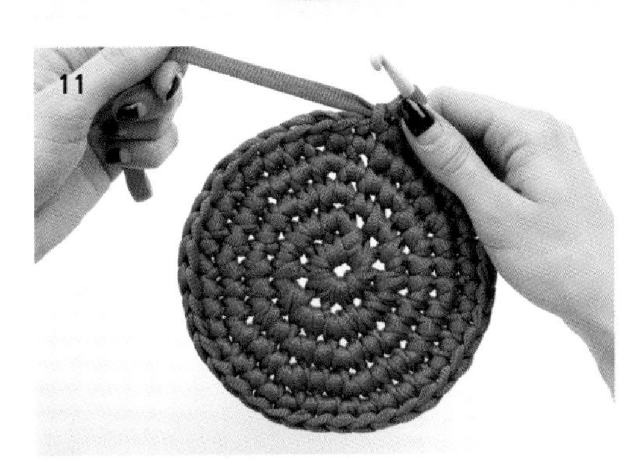

1 **1단.** 원형 고리를 만든다. 20cm 길이로 실을 잡고 검지와 중지에 실을 두 번 감는다. 가는 실을 사용할 경우 손가락 하나에 실을 감아준다.

2 손가락에 감은 원형 고리 안으로 바늘을 넣고 실을 바늘에 한 번 건다.

3 원형 고리 안으로 실을 빼낸 후 바늘에 실을 한 번 건다. 원형 고리에서 손가락을 뺀다.

4 바늘에 걸린 고리 안으로 실을 뺀다.

5 원형 고리 안으로 바늘을 넣고 실을 한 번 건다.

6 고리 안으로 실을 뺀다. 첫 번째 짧은뜨기가 완성됐다.

7 원형 고리를 따라 짧은뜨기 9코를 뜬다. 원형 고리 끝까지 떠서 한 단을 완성한 다음 실 끝을 잡아당겨 원형 고리를 조여 준다.

8 **2단.** 코마다 짧은뜨기를 한다. 항상 코머리의 사슬 두 가닥을 한꺼번에 잡아 뜬다.

9 2단은 1단의 한 코에 짧은뜨기 2코씩을 뜬다. 총 20코가 된다.

10 **3단.** 나선형으로 계속 뜬다. 한 코씩 번갈아 짧은뜨기 2코씩, 사이에 있는 코마다 짧은뜨기 1코씩. 이 과정을 반복해 단을 완성한다.
4단. 세 번째 코마다 짧은뜨기 2코씩, 사이에 있는 두 코는 짧은뜨기 1코씩. 이 과정을 반복해 단을 완성한다.

11 **5단.** 늘려뜨기 없이 완성한다.
6단. 네 번째 코마다 짧은뜨기 2코씩, 사이에 있는 세 코는 짧은뜨기 1코씩. 이 과정을 반복해 단을 완성한다.
7단. 다섯 번째 코마다 짧은뜨기 2코씩, 사이에 있는 네 코는 짧은뜨기 1코씩. 이 과정을 반복해 단을 완성한다.
8단. 늘려뜨기 없이 완성한다.
9단. 여섯 번째 코마다 코를 늘린다. 만약 매 단마다 코를 늘리면 가장자리가 울퉁불퉁해지고, 반대로 충분히 콧수를 늘리지 않으면 가장자리가 오그라든다.

바닥면과 옆면의 경계 만들기

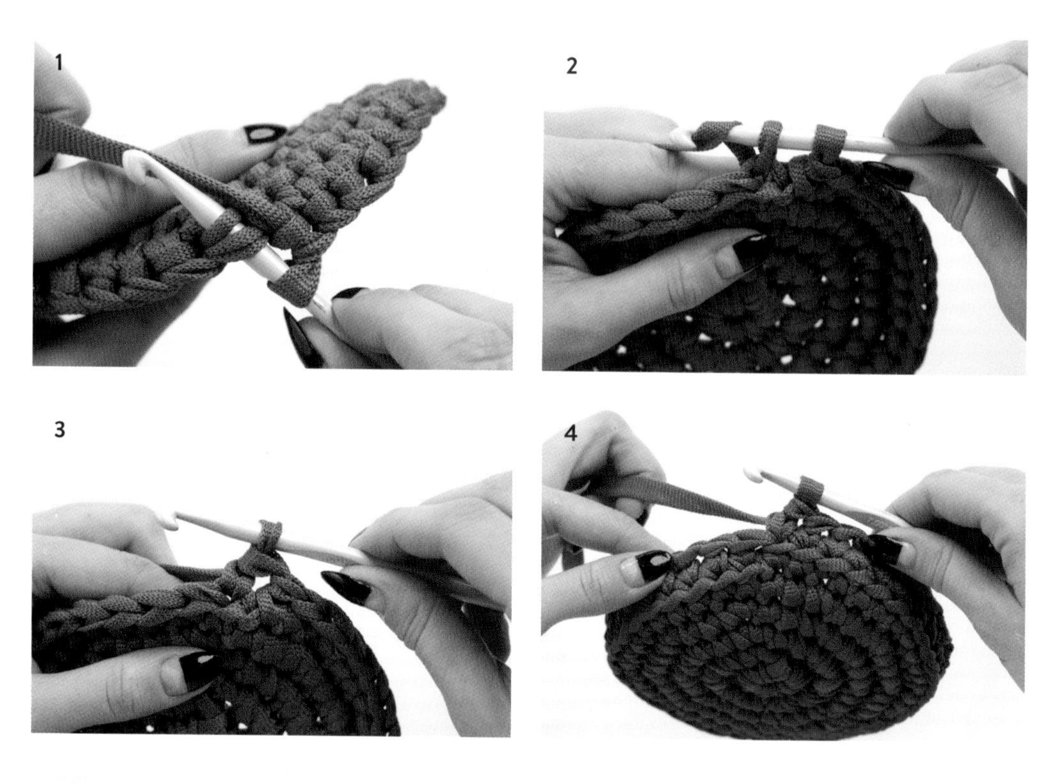

5

굵은 실로 바구니를 뜰 때 바닥면과 옆면의 경계를 만들면 경계에 각이 잘 잡혀서 바구니 모양이 반듯해진다.

1 원형뜨기로 5단까지 완성한다. 다음 단으로 넘어갈 때 오른쪽 반코와 바로 뒤에 있는 코 한 가닥 밑으로 바늘을 넣는다.(3번째 루프에 짧은뜨기) *

2 실을 바늘에 한 번 걸어 코 안으로 빼낸다. 다시 바늘에 실을 한 번 건다.

3 바늘에 걸린 두 고리 안으로 실을 한 번에 빼낸다.

4 같은 방법으로 단을 완성한다.

5 바구니 옆면의 1단을 뜬 다음, 코마다 짧은뜨기를 이어 나간다.

6 사진의 왼쪽 편물은 바닥면과 옆면의 경계 없이 뜬 것이고, 오른쪽 편물은 경계를 만들어 뜬 것이다. 경계가 없으면 바닥면이 둥글고, 경계를 만들면 바닥면과 옆면 사이에 각이 생겨 반듯해진다.

* 경계를 만드는 방법으로는 위에서 소개한 방법 외에 〈앞걸어짧은뜨기〉와 〈뒤걸어짧은뜨기〉를 사용해도 된다.
각을 보이게 하려면 뒤걸어짧은뜨기를, 각이 보이지 않고 매끄럽게 하려면 앞걸어짧은뜨기를 사용한다.

와이어 넣기

금속 와이어를 사용하면 편물의 위쪽 가장자리와 바닥면이 튼튼해진다. 원형과 사각형이 있고 흰색으로 칠해진 와이어와 금속 그대로인 와이어도 있다.

1 원하는 색으로 와이어를 칠한다. 색을 칠하기 어려우면 마스킹 테이프로 와이어를 감아서 사용할 수도 있다. 여기서는 녹색 마스킹 테이프로 원형 와이어를 감았다.

2 바닥면의 지름이 와이어보다 조금 작을 때 와이어를 넣는다.

3 와이어를 삽입하려면 코에 바늘을 넣은 다음 와이어 아래에서 바늘에 실을 한 번 건다.

4 바늘에 걸린 고리 안으로 실을 빼낸 다음 와이어 아래에 두고 바늘에 실을 한 번 건다.

5 고리 안으로 실을 빼낸다. 이제 와이어가 짧은뜨기 코 안에 자리 잡았다.

6 와이어는 작품 안쪽에 있어야 한다.

7 짧은뜨기를 계속 뜬다.

8 와이어를 코 안에 고정시키면서 이와 같은 방법으로 한 단을 완성한다. 바닥면과 옆면의 경계를 뜰 때 와이어를 넣어도 된다. 그러면 작품의 형태가 잘 잡힌다 (p111 참조).

모아뜨기와 늘려뜨기로 볼륨감 주기

1 **모아뜨기.** 원통형으로 짧은뜨기를 떠서 볼륨감을 주기 위해 모아뜨기를 한다. 코에 바늘을 넣고 실을 한 번 걸어 빼낸다.

2 다음 코에 바늘을 넣고 실을 한 번 걸어 빼낸다. 바늘에 세 고리가 생겼다.

3 실을 한 번 걸어 고리 안으로 한 번에 빼낸다.

4 첫 번째 모아뜨기가 완성됐다.

5 같은 간격으로 모아뜨기를 한다. 세 코마다 짧은뜨기 2코 모아뜨기, 사이 두 코는 짧은뜨기 1코씩. 이 과정을 반복해 단을 완성한다.

6 **늘려뜨기.** 볼륨을 넓히기 위해 늘려뜨기를 한다. 늘려뜨기는 한 코에 짧은뜨기를 2코씩 한다. 사진에서는 세 번째 코마다 늘려뜨기를 했다.

모아뜨기와 늘려뜨기를 하면 사진의 작은 항아리처럼 다양한 형태의 편물을 완성할 수 있다.

매듭지어 실 바꾸기

1

2

3

단이 끝나기 전에 실을 바꾸려면 보이지 않게 실 바꾸는 방법과 매듭지어 실을 바꾸는 방법이 있다. 매듭지어 실을 바꾸는 방법은 두 실을 묶고 실 끝은 편물 안쪽에 두는 것이다. 보이지 않게 실 바꾸는 방법은 실 끝을 코 안으로 숨긴다. 여기서는 구분하기 쉽도록 색이 다른 두 실을 썼다. 실제로는 같은 색 실로 바꾸는 데 사용한다.

1 두 실을 묶어 매듭을 만든다.

2 매듭을 잘 조여 준다.

3 계속 편물을 뜬다. 매듭은 편물 안쪽에 오도록 한다. 실 끝은 편물 안쪽에 두고 짧게 자르거나 코 안으로 넣어 정리할 수 있다.

보이지 않게 실 바꾸기

1 보이지 않게 실을 바꾸려면 끝을 조금 남겨두고 새 실을 잡는다.

2 새 실을 코 안에 넣고 원래 실로 뜬다. 사진에서는 짧은뜨기로 떴다.

3 새 실을 10cm 정도 코 안에 넣고 원래 실로 뜬다.

4 원래 실이 15cm 정도 남았을 때 새 실로 뜨기 시작한다.

5 원래 실을 10cm 정도 코 안에 넣고 새 실로 뜬다. 튀어나온 실 끝을 짧게 잘라준다. 이 방법을 사용하면 실을 바꾸는 지점의 코가 굵어진다는 점을 유념한다. 코 안에서 차례로 두 실로 뜨기 때문이다.

짧은뜨기로 다른 색 실 바꾸기

두 가지 색 실을 써서 작품을 만들 때는 시작부터 쉬는 실을 코 안에 넣는다.

1-2 다른 색 실로 바꾸려면 코에 바늘을 넣고 실을 한 번 걸어서 고리 안으로 빼낸다.

3 새 실을 함께 잡고 편물 안쪽에서 실이 늘어지지 않도록 두 실을 잡아당긴다.

4 새 실을 바늘에 한 번 건다.

5 두 고리 안으로 새 실을 빼낸다. 이처럼 한 코를 뜨면서 실을 바꾸게 되면 새 실과 원래 실의 경계가 깔끔해진다.

6 원래 실을 코 안에 넣고 새 실로 계속 뜬다.

한길긴뜨기로 다른 색 실 바꾸기

1

2

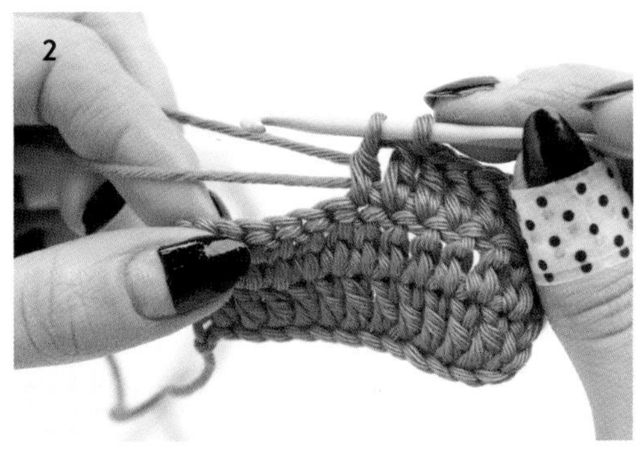

3

4

5

6

한길긴뜨기로 작품을 뜰 때는 한길긴뜨기 한 코를 뜨면서 실을 바꾼다. 시작하자마자 새 실을 편물 안쪽에 두고 같이 잡는다. 한길긴뜨기 한 코를 뜨면서 새 실을 넣는다.

1-2 먼저 바늘에 실을 건다. 코에 바늘을 넣고 한길긴뜨기를 반만 뜬다.

3 새 실을 잡고 원래 실과 함께 천천히 잡아당긴다. 새 실을 바늘에 한 번 건다.

4 두 고리 안으로 실을 한 번에 빼낸다. 한길긴뜨기를 뜨면서 다른 색 실로 바꿨다.

5 한길긴뜨기 코 안에 원래 실을 넣고 새 실로 계속 한길긴뜨기를 뜬다.

6 한길긴뜨기를 뜨면서 다른 색 실로 바꾸면 무늬의 가장자리가 깔끔해진다.

가방끈 구멍 만들기

1

2

3

4

1 여기서는 원통형으로 짧은뜨기를 해서 만든 편물에 가방끈 구멍을 만든다. 먼저 가방끈의 너비를 잰다. 너비에 맞춰 가방끈을 만들 곳에 사슬뜨기를 한다. 여기서는 사슬뜨기 4코를 떴다. 4코를 거른 다음 다섯 번째 코에 짧은뜨기 1코를 떠서 잇는다. 일반적으로 사슬뜨기의 콧수는 가방끈의 너비에 따라 거르는 콧수와 같다.

2 코마다 짧은뜨기 1코씩을 뜬다. 반대편도 구멍 만들 곳을 정하고 위와 같은 방법으로 같은 단에 완성한다. 첫 번째 구멍의 시작점까지 짧은뜨기를 한다.

3 가방끈 구멍 아래로 바늘을 넣고 실을 한 번 건다. 구멍을 만들려고 뜬 사슬뜨기 콧수만큼 짧은뜨기를 한다.

4 굵은 실로 작품을 만들면 가방끈 구멍을 손잡이처럼 쓸 수 있다. 이럴 경우 원하는 손잡이 길이만큼 사슬뜨기를 뜬다. 예를 들어 사슬뜨기 10코를 만들면 6코를 거른 다음 일곱 번째 코에 짧은뜨기 1코를 떠서 사슬코를 잇는다. 손잡이로 사용해야 하므로 가방끈 구멍과 달리 거른 코의 수보다 사슬뜨기를 더 길게 만든다. 반대편 구멍도 같은 단에 이와 같이 만든다. 다음 단에는 사슬뜨기로 만든 구멍 윗부분에 짧은뜨기 10~12코를 뜬다.

패브릭 양동이에 가방끈 구멍을 만들고 질긴 재봉실로 가방끈을 바느질했다. 일반적으로 패브릭 양동이를 만들 때는 와이어를 사용하는데 위쪽 가장자리를 짧은뜨기로 뜨면서 와이어를 코 안에 넣는다.

빼뜨기

빼뜨기는 편물의 가장자리를 견고하게 해준다. 위쪽 가장자리에 늘어짐 없이 튼튼한 사슬코가 생긴다. 한 단을 끝낼 때도 빼뜨기를 뜬다.

1 짧은뜨기처럼 빼뜨기를 시작한다. 코 안에 바늘을 넣고 실을 한 번 건다.

2 코 안으로 실을 빼낸다. 바늘에 두 고리가 생겼다.

3 왼쪽 고리를 오른쪽 고리 안으로 빼낸다. 빼뜨기가 완성됐다.

4 계속 빼뜨기를 뜨고 단을 완성한다. 마무리할 때는 실을 자르고 남은 실 끝을 편물 안쪽으로 넣어 정리한다.

솔기 잇기

코바늘로 만든 편물의 솔기를 이을 때는 여러 가지 스티치 방법을 사용한다. 기계로 이을 경우 가장자리가 늘어나기 때문에 일반적으로 솔기는 손으로 잇는다.

1 코마다 촘촘히 바느질한다. 다양한 스티치 방법을 사용할 수 있으며 여기서는 홈질로 솔기를 이었다.

2 시작점으로 다시 돌아가며 한 번 더 홈질한다. 그러면 바늘땀이 균일하고 튼튼해진다.

3 뒤집어서 이은 솔기를 확대했다. 무늬가 있는 편물을 이을 때는 두 편물의 무늬가 잘 이어지도록 신경 쓴다.

마무리와 실 끝 정리하기

1

2

1 실을 자른다. 굵은 실일 경우 비스듬하게 자르면 코 안으로 넣기 쉽다.

2 바늘에 실을 걸지 않고 빼낸다.

3 돗바늘에 실을 끼우고 마지막 코를 통과해 편물 안쪽으로 바늘을 넣는다.

4 코 사이로 약 7cm 정도 실을 넣는다. 항상 편물 안쪽으로 넣어야 한다.

5 오른쪽 사진의 작은 항아리는 여러 기법을 이용해 완성했다. 바닥면과 옆면을 반듯하게 만들기 위해 경계를 만들었고, 옆면은 원통형으로 짧은뜨기를 했다. 모아뜨기를 해서 항아리 입구를 좁게 만들었고, 윗부분은 코를 조금 늘려 완성했다. 마지막 단은 빼뜨기로 마무리했다.

블랙 앤 화이트를 모티프로 한 원통형으로 한길긴뜨기

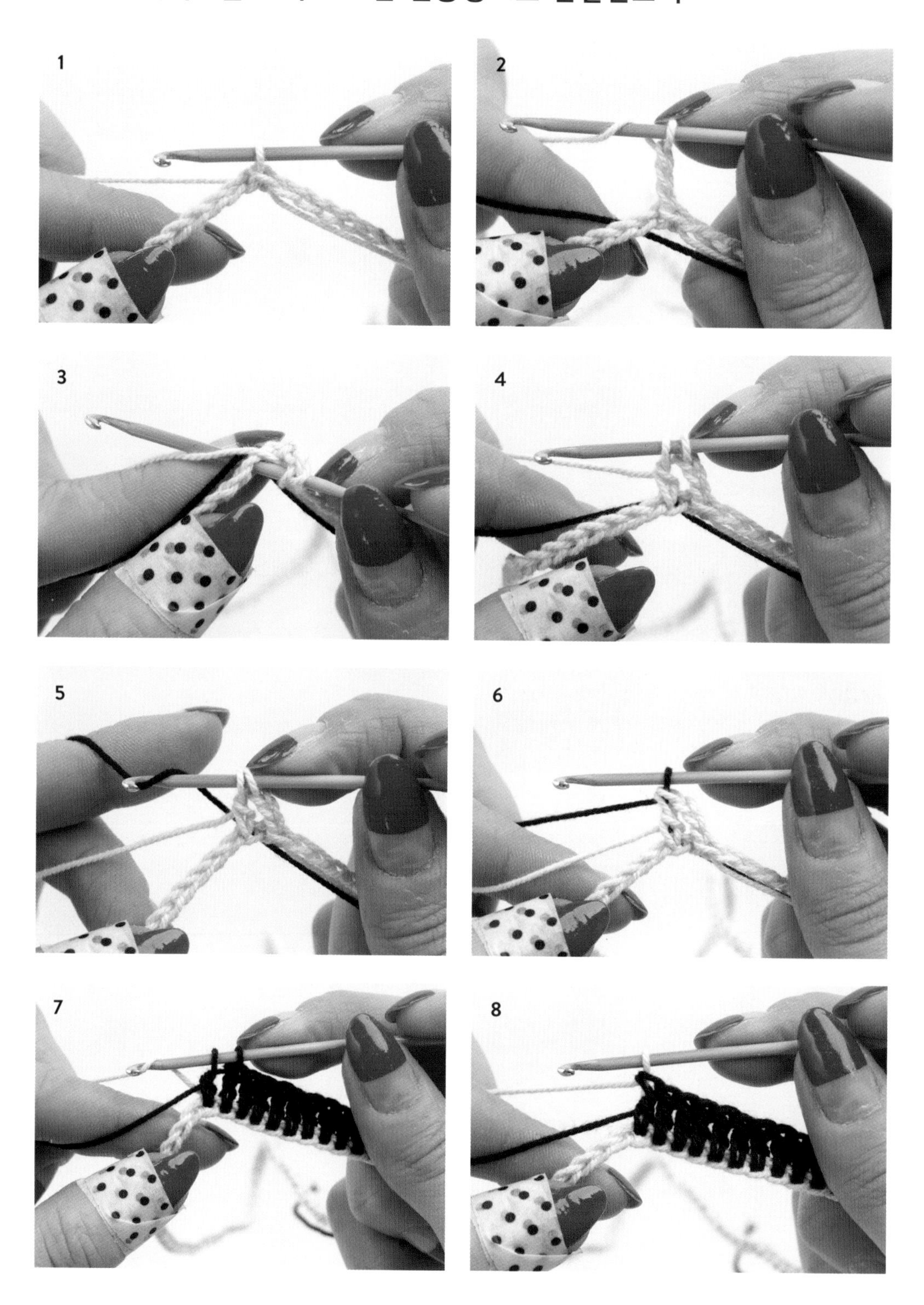

9

10

11

원통형으로 한길긴뜨기는 매우 다양한 작품에 활용할 수 있다. 한길긴뜨기 기법을 이용해 블랙 앤 화이트를 모티프로 한 여러 개의 가방을 완성하기도 했다. 한길긴뜨기는 특히 가방을 만들 때 적합하다.

1 원하는 만큼 사슬코를 만든다. 여기서는 96코를 만들었다. 모티프의 첫 번째 한길긴뜨기가 흰색이면 흰색 실로 뜨기 시작한다. 빼뜨기를 이용해 원통형으로 이어준다.

2 사슬뜨기 3코를 먼저 뜬다. 이 코가 첫 번째 한길긴뜨기가 된다. 검은색 실을 편물 안쪽에 두고 같이 잡는다.

3 사슬코 안에 바늘을 넣고 실을 한 번 건다. 검은색 실은 코 안에 넣고 뜬다.

4 한길긴뜨기 한 코를 뜨는 중간에 실을 바꿔 무늬를 만들기 시작한다.

5 검은색 실을 바늘에 한 번 건다. 실을 바꿀 때마다 두 실을 동시에 천천히 잡아당기며 떠야 편물 안쪽에서 실이 늘어지지 않는다.

6 두 고리 안으로 실을 빼낸다. 이제 실이 바뀌었다.

7 사진 속 편물은 검은색 실로 한길긴뜨기 11코를 뜨고 열두 번째 코에서 실을 바꿨다. 실은 한길긴뜨기 한 코를 뜨는 중간에 바꾼다.

8 같은 방법으로 실을 바꾸면 무늬의 테두리가 깔끔해진다.

9 여기서는 흰색 실로 한길긴뜨기 4코, 검은색 실로 한길긴뜨기 12코를 반복해서 뜨며 첫 번째 단을 완성했다.

10 단을 시작할 때 뜬 사슬뜨기의 세 번째 사슬코에서 빼뜨기를 1코 떠서 단을 마무리한다. 여기서 실을 바꿔 2단의 첫 번째 한길긴뜨기는 검은색 실로 뜬다. 빼뜨기할 때 실을 바꾼다.

11 2단은 검은색 실로 뜨기 시작한다.

12

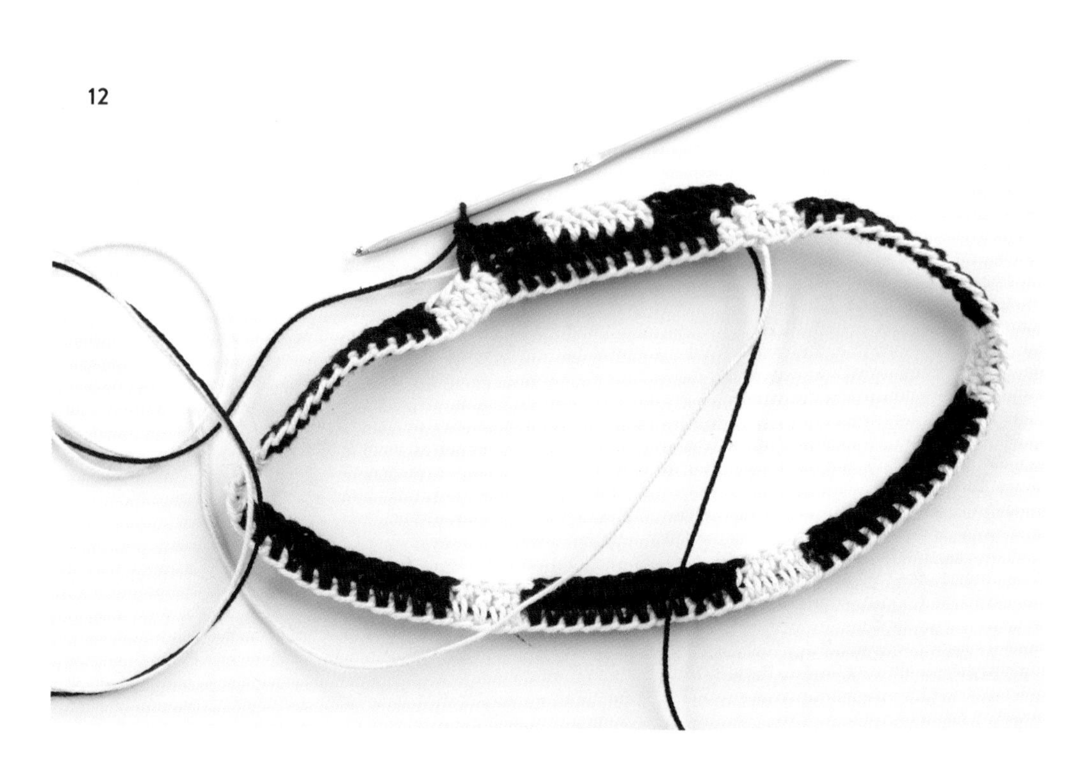

13

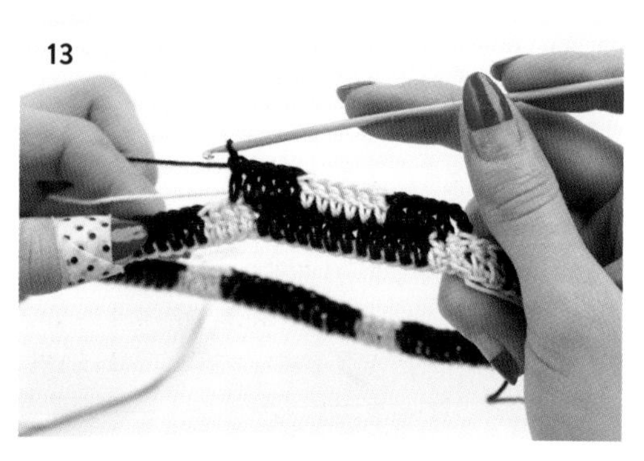

14

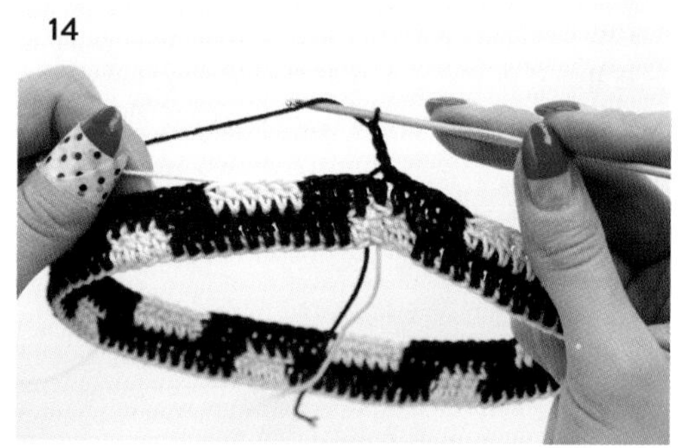

15

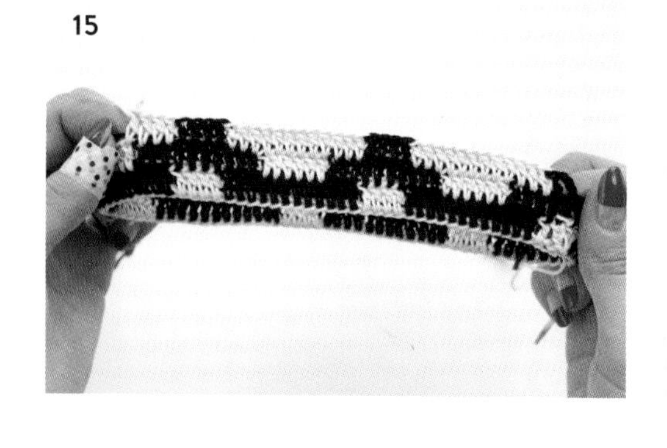

16

17

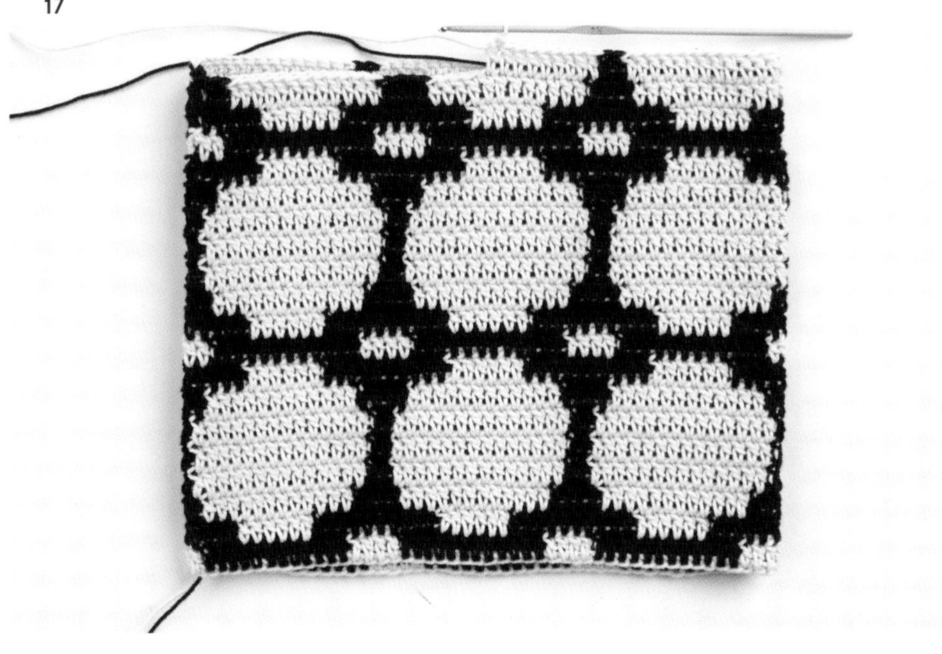

12 새로운 단을 시작할 때마다 사슬뜨기 3코를 떠서 한길긴뜨기의 기둥코를 만든다. 검은색 실로 한길긴뜨기 3코를 뜨고 네 번째 코를 뜰 때 흰색 실로 바꾼다. 흰색 실로 한길긴뜨기 6코를 뜬 다음 검은색 실을 잡는다.

13 쉬는 실은 한길긴뜨기 코 안에 넣고 같이 뜬다.

14 2단에 무늬를 만들기 위해 검은색 실로 한길긴뜨기 10코, 흰색 실로 한길긴뜨기 6코를 반복해서 뜨며 단을 완성한다. 빼뜨기로 단을 마무리한다. 3단은 검은색 실로 시작한다.

15 쉬는 실은 항상 코 안에 넣고 같이 뜨기 때문에 다른 색 실이 틈으로 보이게 된다. 그래서 모티프가 더욱 다이내믹해진다.

16 여기서는 총 10단을 떴다.

17 원하는 높이까지 무늬를 만든다. 도트 무늬 쿠션(p122)과 다이아몬드 무늬 클러치백(p180)과 같이 이 책에 담은 여러 작품은 블랙 앤 화이트를 모티프로 한 원통형 한길긴뜨기로 완성한 것이다.

블랙 앤 화이트를 모티프로 한 왕복뜨기로 한길긴뜨기

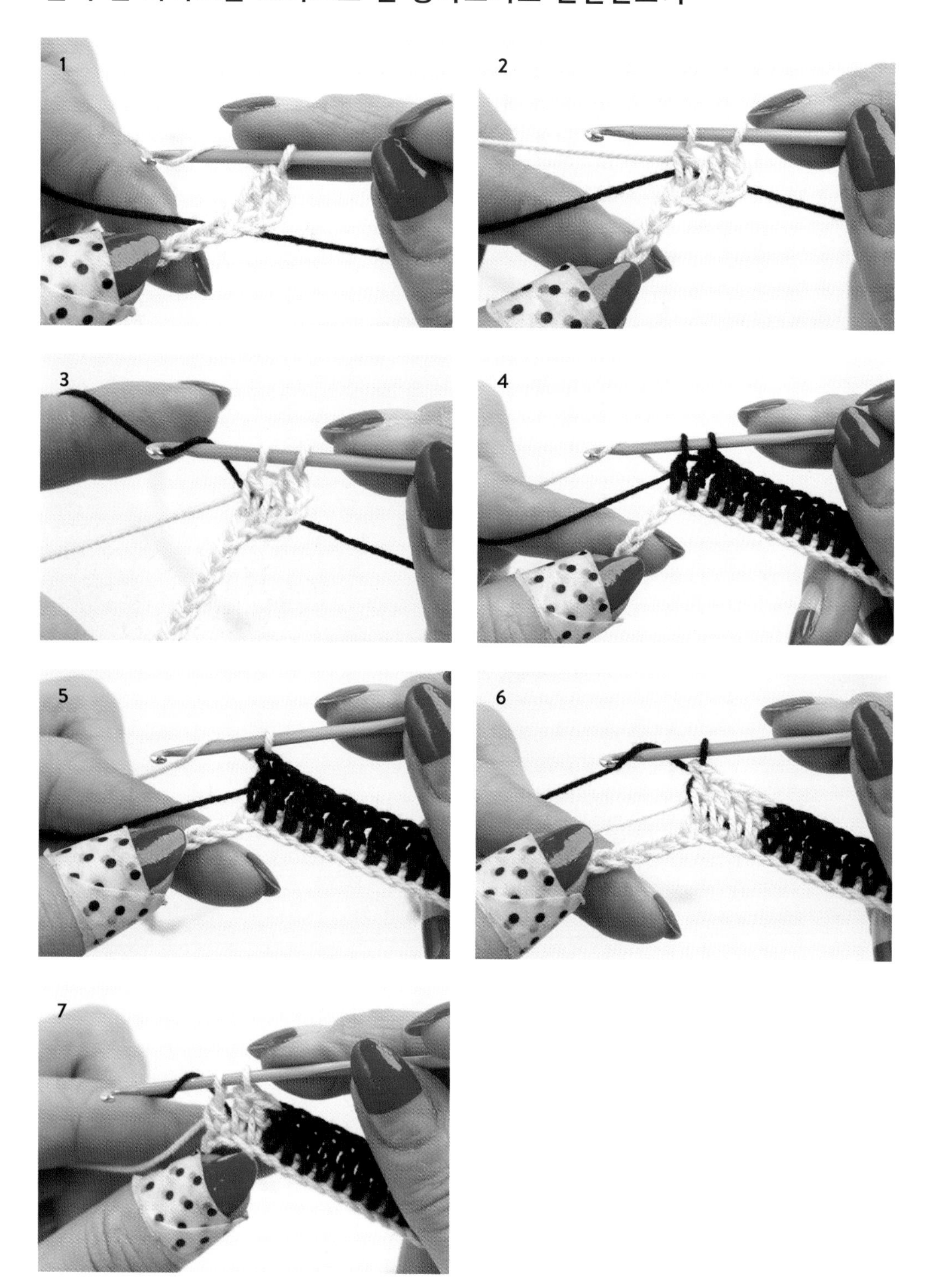

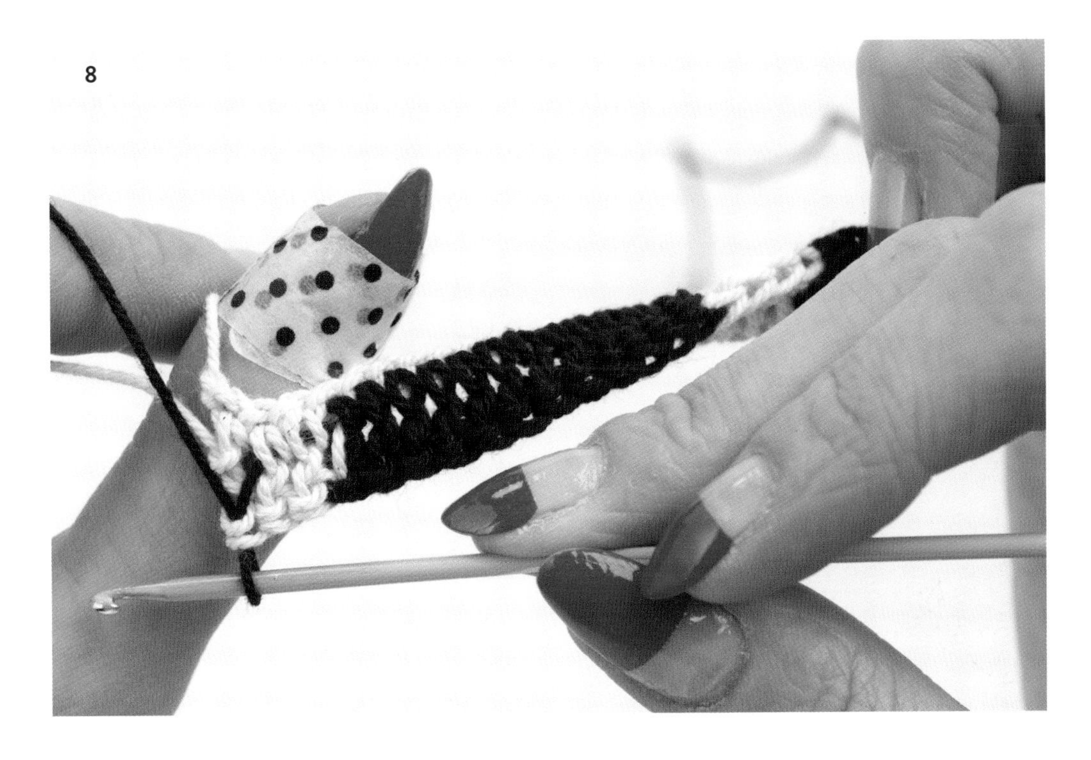

1 **1단.** 무늬를 시작할 색을 선택하고 원하는 만큼 사슬코를 만든다. 여기서는 흰색 실로 사슬뜨기 52코를 만들었다. 바늘에서부터 네 번째 사슬코에 한길긴뜨기 1코를 뜬다. 첫 번째에서 세 번째까지의 사슬코는 한길긴뜨기 1코가 되는 것이다. 바늘에 실을 한 번 걸고 검은색 실을 편물 안쪽에 두고 같이 잡는다.

2 흰색 실로 두 번째 한길긴뜨기를 뜨기 시작해서 검은색 실로 끝낸다.

3 검은색 실을 바늘에 한 번 걸고 고리 안으로 빼낸다.

4 사진 속 편물은 검은색 실로 한길긴뜨기 11코를 뜨고 열두 번째 한길긴뜨기를 할 때 실을 바꿨다.

5 한길긴뜨기 한 코를 흰색 실로 끝낸다.

6 흰색 실로 한길긴뜨기 3코를 뜨고 네 번째 한길긴뜨기를 할 때 실을 바꾼다.

7 1단의 마지막 한길긴뜨기 코는 흰색이지만 2단은 검은색 실로 시작한다. 그래서 1단의 마지막 한길긴뜨기를 할 때 실을 바꿔야 한다.

8 왕복뜨기로 편물을 뜰 때는 단의 마지막 한길긴뜨기 코에는 쉬는 실을 넣지 않고 완성한다. 그러면 편물 가장자리에 이음매가 보이지 않는다. 사진처럼 이음매는 편물 안쪽에서만 보이게 된다.

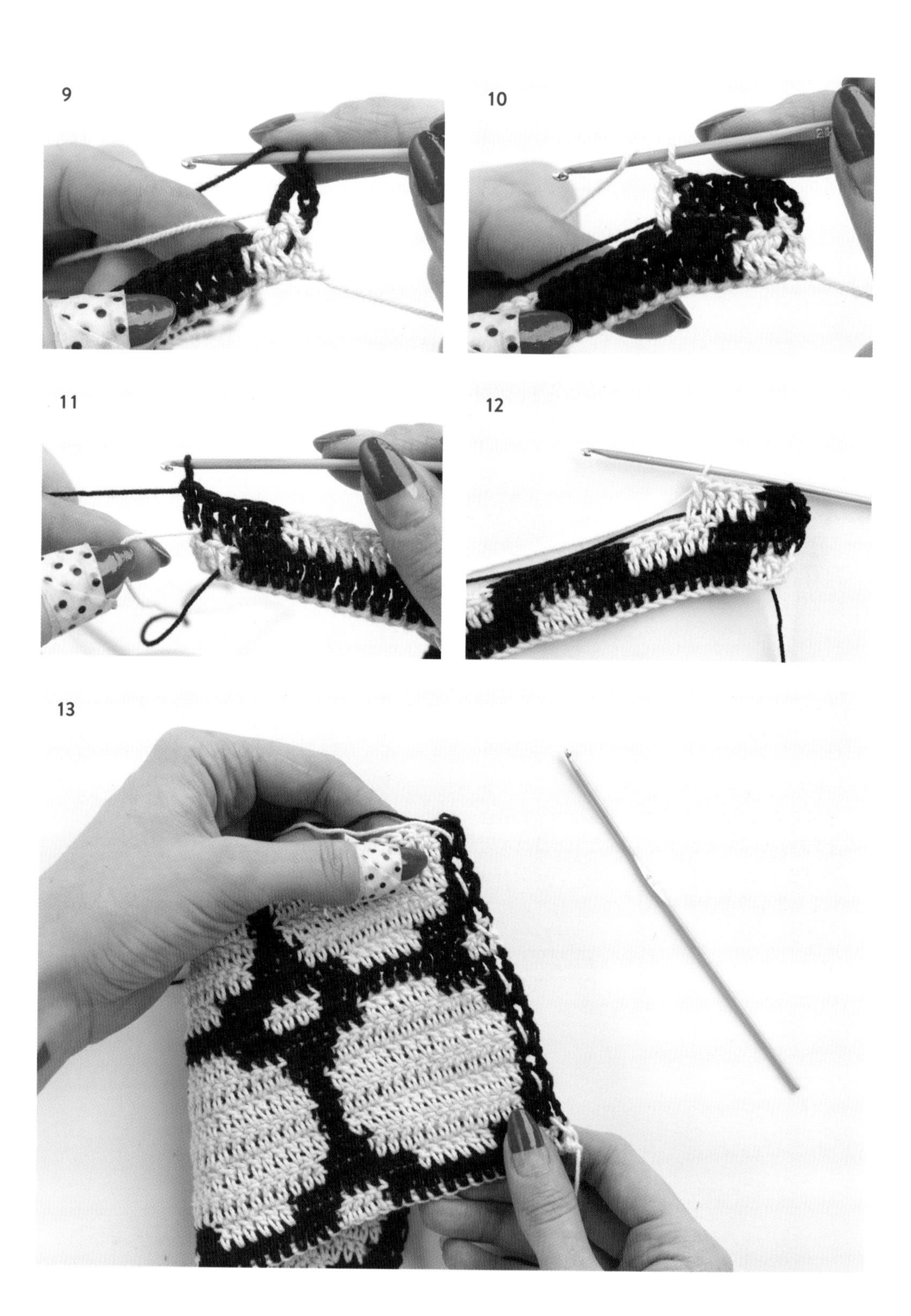
9
10
11
12
13

14

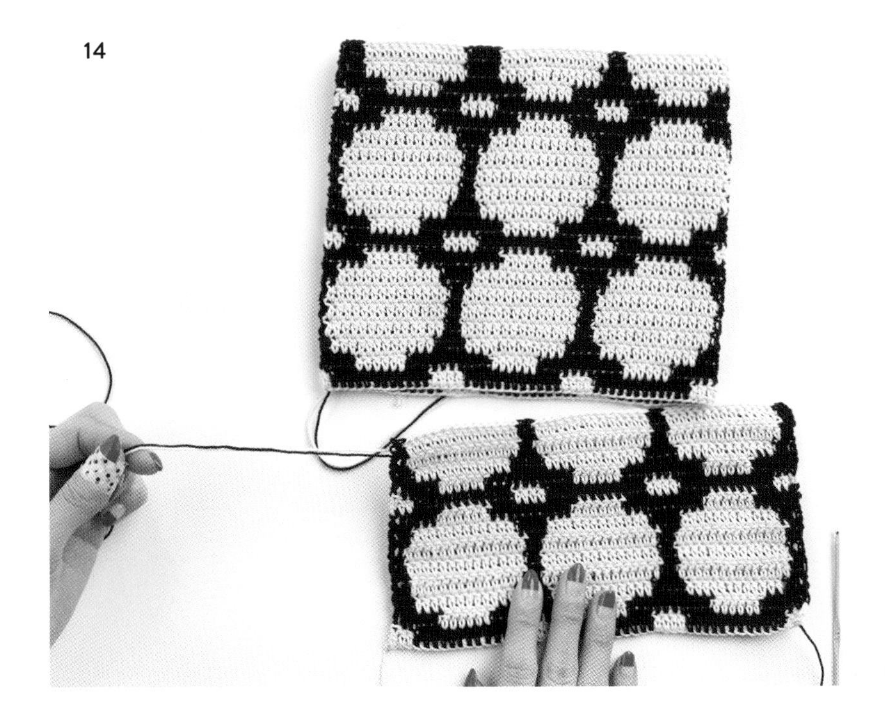

9 **2단.** 단의 시작 부분에서 사슬뜨기 3코를 뜨고 첫 번째 한길긴뜨기를 뜰 때 쉬는 실을 코 안에 넣는다.

10 2단에서는 검은색 실로 한길긴뜨기 4코를 뜨고 다섯 번째 한길긴뜨기를 할 때 실을 바꾼다. 흰색 실로 한길긴뜨기 6코, 검은색 실로 한길긴뜨기 10코를 반복해서 뜨면서 단을 완성한다. 검은색 실로 한길긴뜨기 6코를 하고 단을 끝낸다.

11 단의 마지막 한길긴뜨기 코에는 흰색 실을 넣지 않는다.

12 **3단.** 사슬뜨기 3코를 뜬다. 첫 번째 한길긴뜨기를 뜨면서 흰색 실을 코 안에 넣는다.

13 편물 안쪽을 보자. 가장자리 부분을 제외하면 겉면과 비슷하다.

14 사진의 위쪽 편물은 원통형으로 한길긴뜨기를 해서 완성한 것이고, 아래쪽은 왕복뜨기로 뜬 것이다. 두 편물의 짜임에 큰 차이가 없다. 원통형으로 가방을 만들면 두 면을 잇지 않아도 된다. 왕복뜨기는 러그를 만들 때 적합한 기법이다(도트 무늬 러그, p130).

작품 난이도

🧶 초보자에게 적합한 수준

🧶🧶 집중력이 필요한 수준

🧶🧶🧶 시간이 걸리고 꽤 어려운 수준

⏰ 시간이 걸리니 쉬는 시간을 갖자!

재봉틀이나 손으로 솔기를 이어야 한다.

2

인테리어 소품

작은 수납함

사각 바구니 S

사이즈 16×16×10cm
코바늘 9mm (점보코바늘)
실 트라필로 (대체실 : 파빠르)
중량 220g

사각 바구니 S는 만들기 매우 쉬워서 초보자도 코바늘 손뜨개에 푹 빠지게 된다. 굵은 트라필로 실로 금세 만들 수 있어서 한번 시작하면 하룻밤 사이에 바구니 여러 개를 완성할 수도 있다. 몇몇 작품은 맘껏 뜨기만 하면 저절로 완성될 정도다!
바구니는 짧은뜨기 기법을 이용한다. 사각 바구니는 네 개의 모서리에 늘려뜨기로 코를 늘려서 각을 만든다. 반듯한 형태의 작품을 만들기 위해서는 모양이 일정하고 매끄러운 트라필로 실을 사용하는 것이 좋다. 물론 낡은 티셔츠나 다른 소재의 옷을 재활용할 수도 있다. 똑같은 너비로 매듭 없이 실처럼 잘라 이용해보는 것도 하나의 팁이다.

CLIPPER
CLIPPER
liquorice

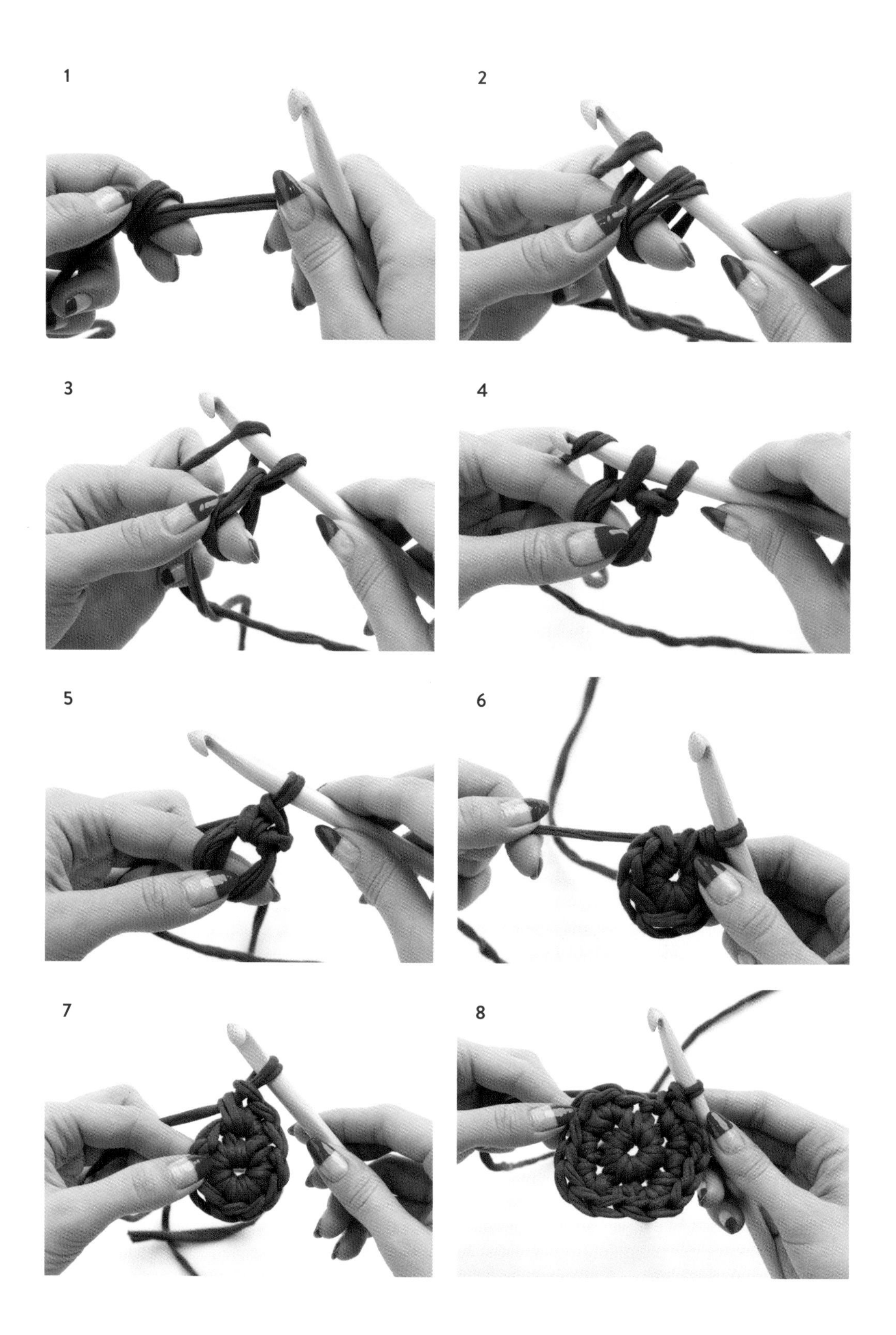
1
2
3
4
5
6
7
8

9

1 손가락에 실을 두 번 감아서 원형 고리를 만든다(p41 참조).

2 엄지손가락으로 원형 고리를 잡고 안으로 바늘을 넣어 실을 한 번 건다.

3 원형 고리 안으로 실을 빼내고 다시 바늘에 실을 건다.

4 바늘에 걸린 고리 안으로 실을 빼낸다. 다시 원형 고리 안으로 바늘을 넣고 실을 걸어 빼낸 후 실을 건다.

5 바늘에 걸린 고리 안으로 실을 한 번에 빼내 짧은뜨기 1코를 완성한다.

6 **2~5**를 7번 반복해 짧은뜨기 8코를 만들어 1단을 완성한다. 1단이 완성되면 바구니에 구멍이 생기지 않도록 실 끝을 당겨 고리를 조여 준다. 실 끝은 1단의 코 사이에 넣어 정리한다.

7 **2단.** 첫 번째 코에 짧은뜨기를 3코 뜬다.

8 다음 코에 바늘을 넣어 짧은뜨기를 1코 뜨고 그다음 코에는 짧은뜨기 3코를 뜬다. 그다음 코에 다시 짧은뜨기를 1코 뜬다. 이 과정을 반복해 단을 완성한다. 16코가 생겼다. 모서리마다 짧은뜨기를 3코씩 떠서 사각이 되도록 한다. 나선형으로 뜨기 때문에 단이 바뀔 때 모서리가 조금 어긋나게 된다.

9 **3단.** 각 모서리에는 짧은뜨기를 3코씩 뜨고 나머지 코에는 짧은뜨기를 1코씩 뜬다.

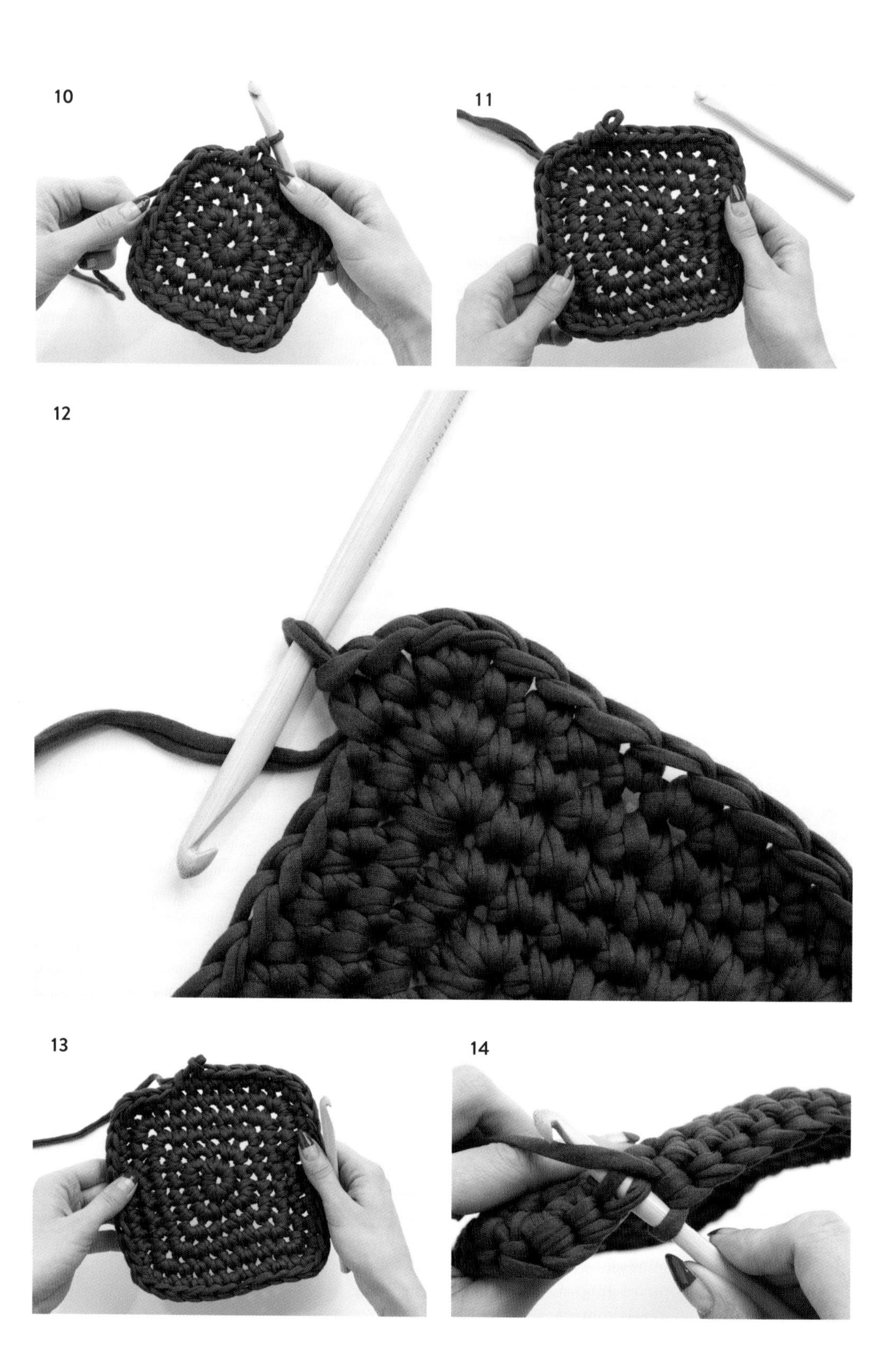
10
11
12
13
14

15

16

17

18

10 **4단.** 3단처럼 모서리 부분에만 코를 늘리고 나머지 코에는 짧은뜨기를 1코씩 뜬다.

11 **5단.** 4단처럼 완성한다.

12 **6단.** 5단처럼 완성하되 모서리 부분에는 짧은뜨기 3코가 아닌 2코를 뜬다.

13 단이 완성되면 바닥면과 옆면의 경계를 만들기 시작한다.

14 바닥면과 옆면의 경계를 만든다(3번째 루프에 짧은뜨기, p42 참조). 이 방법을 이용하면 바닥면과 옆면의 각이 잘 잡히고 겉면에 경계가 보여 바구니가 반듯하고 보기 좋은 형태가 된다.

15 바구니를 사각 형태로 만들기 위해 경계가 생기는 단에는 모서리마다 2코 모아뜨기를 한다(p46 참조). 바늘에 실을 한 번 걸고 3개의 고리를 만든다.

16 바늘에 걸린 3개 고리 안으로 한 번에 실을 빼내 모아뜨기를 한다.

17 각 모서리 부분에 위와 같이 모아뜨기를 한다.

18 경계를 만든 후에는 코마다 짧은뜨기를 1코씩 뜬다. 이제부터는 모서리에 늘려뜨기를 하지 않는다.

19

21

22

23

19 원하는 높이만큼 단을 완성한다. 여기서는 옆면을 6단까지 떠서 완성했다.

20 마지막 단은 빼뜨기로 마무리한다.

21 완성한 후 실을 잘라 안쪽으로 넣어 마무리한다.

22 이제 사각 바구니가 완성되었다!

23 다른 크기의 바구니를 만들고 싶다면 시작할 때 콧수를 바꾸면 된다.

ARNE & CARLOS
MOLLA MILLS
VIRKKURI

사각 바구니 L

사이즈 21×21×13cm
코바늘 9mm (점보코바늘)
실 트라필로 (대체실: 파빠르)
중량 530g

사각 바구니 L은 사각 바구니 S와 같은 방법으로 5단까지 완성한다.

6-7단. 모서리마다 한 코에 짧은뜨기 3코씩, 나머지 코에는 짧은뜨기 1코씩을 뜬다.

8단. 모서리마다 한 코에 짧은뜨기 2코씩, 나머지 코에는 짧은뜨기 1코씩을 뜬다.

9단. 바닥면과 옆면의 경계를 만든다(p42 참조). 바구니를 사각 형태로 만들기 위해 경계가 생기는 단에는 모서리마다 2코 모아뜨기를 한다(p46 참조). 그러면 바닥면의 비율이 끝까지 유지된다. 사각 바구니 S를 만들 때처럼 모아뜨기를 한다.

10-17단. 옆면을 뜨기 시작한다. 코마다 짧은뜨기 1코씩을 떠서 8단을 완성한다. 마지막 단에는 코마다 빼뜨기를 1코씩 뜬다. 완성한 후 실을 잘라 안쪽으로 넣어 마무리한다.

더 큰 사각 바구니를 만들고 싶다면 원하는 크기까지 바닥면의 모서리에 늘려뜨기를 한다. 바닥면의 마지막 단에는 짧은뜨기 3코가 아닌 2코 늘려뜨기를 하고, 바닥면과 옆면의 경계가 되는 단에는 모서리마다 모아뜨기를 한다. 옆면도 짧은뜨기로 완성한다.

빈티지 가죽끈 바구니

사이즈 높이 30cm, 지름 26cm
코바늘 6mm (모사용 10호)
실 트위스트 몹 얀 (대체실: 딸리아, 파빠르, 동방24합*)
* 동방24합을 사용할 때는 코바늘 7호를 사용한다.
중량 800g
기타 빈티지 가죽끈 (1m)
금속 와이어 2개 (지름 25cm)
질긴 재봉실

빈티지 가죽끈 바구니는 찌그러진 통조림처럼 생겼지만 많은 양의 잡동사니를 수납할 수 있다. 바닥면과 입구에 금속 와이어를 넣어서 바구니가 넘치도록 물건을 담아도 반듯하게 형태가 유지된다. 실내 어디에나 어울리는 데다가 수공예에 관심이 없는 보통의 젊은 남성들도 마음에 들어 하는 작품이다. 다양한 스타일과 색깔의 빈티지 가죽끈 바구니를 만들 수 있다!

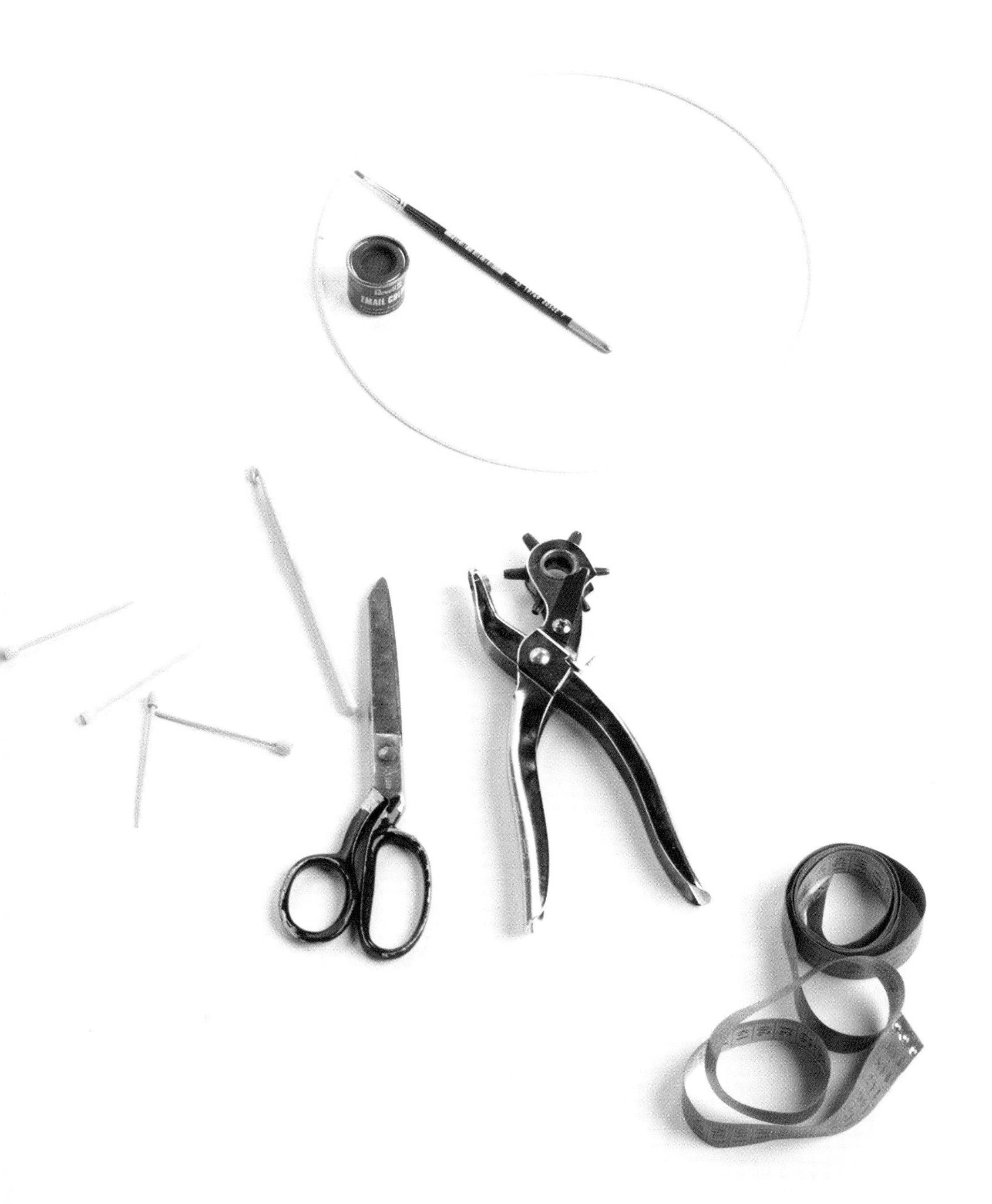

1

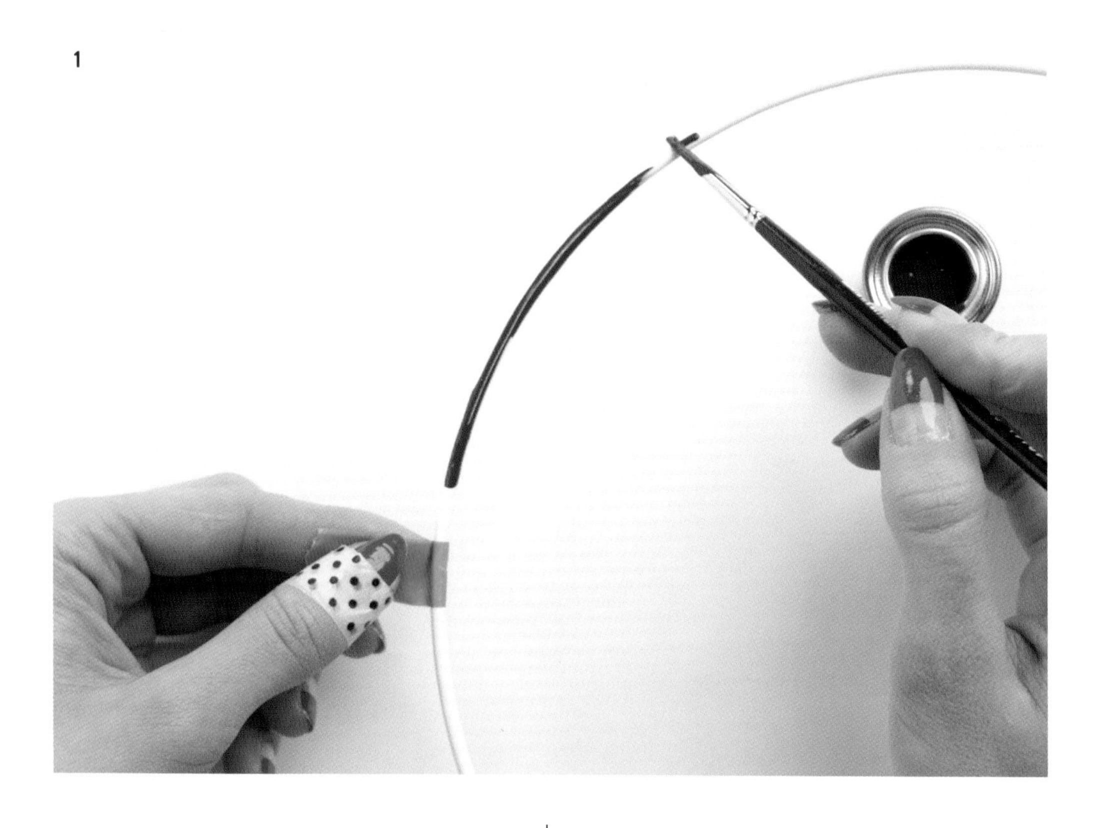

1 사진처럼 실의 색과 같은 색으로 금속 와이어를 칠한다. 여기서는 바닥 와이어는 칠하지 않았다.

2 **바닥면**(p40 참조). 검지와 중지에 실을 두 번 감는다.

1단. 원형 고리에 짧은뜨기 10코. 구멍이 생기지 않도록 실 끝을 당겨 고리를 조여 주고, 실 끝을 코 안으로 넣어 정리한다.

2단. 나선형으로 계속 뜬다. 이런 방식으로 뜨면 단이 바뀌는 부분이 보이지 않는다. 코마다 짧은뜨기 2코씩. 총 20코.

3단. 한 코씩 번갈아서 짧은뜨기 2코씩, 사이에 있는 코는 짧은뜨기 1코씩. 총 30코.

4단. 세 번째 코마다 짧은뜨기 2코씩, 사이에 있는 두 코는 짧은뜨기 1코씩. 총 40코.

5단. 코마다 짧은뜨기 1코씩.

6단. 네 번째 코마다 짧은뜨기 2코씩, 사이에 있는 세 코는 짧은뜨기 1코씩. 총 50코.

7단. 짧은뜨기.

8단. 다섯 번째 코마다 짧은뜨기 2코씩, 사이에 있는 네 코는 짧은뜨기 1코씩. 총 60코.

9단. 코마다 짧은뜨기 1코씩.

10단. 코마다 짧은뜨기 1코씩. 와이어를 코 안에 넣고 뜬다.(p44 참조)

2

3

4

5

6

7

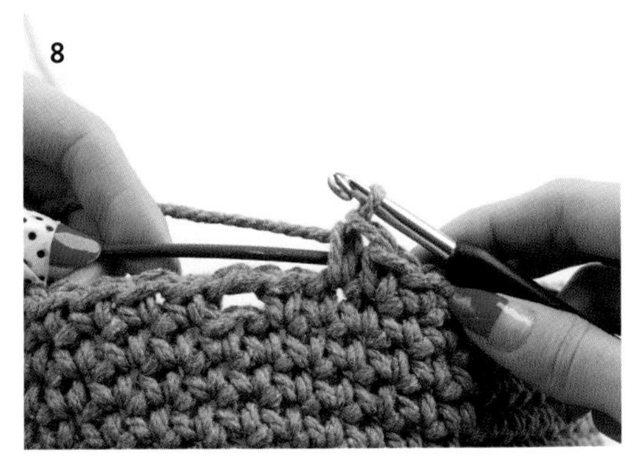
8

9

10

11

3 **11-34단.** 짧은뜨기.

4 **35단.** 가방끈 구멍을 만든다(p52 참조). 여기서는 2cm 폭의 가죽끈을 사용하므로 끈 구멍이 매우 작다. 첫 번째 구멍은 단이 바뀌는 부분에 사슬뜨기 2코를 떠서 만든다. 옆면을 나선형으로 떠서 약간 어긋나기 때문에 구멍을 만들 곳을 잘 찾을 수 있다.

5 한 코를 거르고 다음 코에 짧은뜨기 1코를 떠서 구멍을 이어준다. 사진처럼 작은 구멍은 사슬뜨기 1코면 충분하다. 하지만 구멍과 가방끈 사이가 너무 좁지 않도록 여기서는 2코를 떴다.

6 짧은뜨기 6코를 뜬 후 두 번째 구멍을 만든다. 짧은뜨기 22코를 뜬 다음 같은 방법으로 반대편 가방끈 구멍을 만든다.

7 **36단.** 와이어를 넣어 짧은뜨기를 한다.(p44 참조)

8 와이어를 따라 계속 뜬다.

9 가방끈 구멍 부분에서는 사슬뜨기 구멍 아래로 바늘을 넣어 짧은뜨기를 한다.

10 마지막 단까지 완성했다.

11 빼뜨기로 마지막 단을 마무리한다.

12 실을 자르고 안으로 넣어 정리한다. 트위스트 몹 얀은 약간 빳빳하기 때문에 한 번에 한 코씩 넣어야 한다.

13 가방끈을 원하는 길이로 자른다. 여기서는 45cm로 잘랐다. 편물에 고정하기 위해 가방끈 끝부분에 구멍을 뚫어준다.

14 재봉실로 손잡이를 꿰매어 단다. 튼튼하게 달아야 하므로 여러 번 바느질한다.

둥근 뚜껑 바구니

사이즈 높이 18cm, 지름 19cm
코바늘 6mm (모사용 10호)
실 트위스트 몹 얀 (대체실 : 딸리아, 파빠르, 동방24합*)
* 동방24합을 사용할 때는 코바늘 7호를 사용한다.
중량 480g
기타 빈티지 가죽끈 (40cm)
리벳 2개

핀란드에서는 시골 길가에 나무로 만든 작은 부스들을 쉽게 발견할 수 있다. 옛날에 농부들이 우유 배달 트럭을 기다리며 우유 양철통을 두던 곳이다. 근래에 우유 양철통은 앤틱 소품 상인들에게 사랑받고 있다. 둥근 뚜껑 바구니는 얼핏 보면 옛날의 우유 양철통과 비슷하다. 이 양철통은 당시에 크기도 다양했다. 손잡이가 있어서 들고 다니기도 좋지만 양파 등으로 가득 채워서 부엌 선반에 올려두어도 잘 어울린다.

1 검지와 중지에 실을 두 번 감는다.

2 원형 고리 안으로 바늘을 넣고 바늘에 실을 한 번 건다.

3 원형 고리 안으로 실을 빼낸 후 바늘에 실을 한 번 건다. 바늘에 걸린 고리 안으로 실을 뺀다.

4 원형 고리 안으로 바늘을 넣어서 짧은뜨기 1코를 뜬다.

5 **1단.** 원형 고리에 짧은뜨기 9코를 뜬다. 실 끝을 당겨 고리를 조여 주고, 실 끝은 코 안으로 넣어 정리한다.

6 **2단.** 코마다 짧은뜨기 2코씩. 총 20코.

7 **3단.** 한 코씩 번갈아 짧은뜨기 2코씩, 사이에 있는 코는 짧은뜨기 1코씩. 총 30코.

8 **4단.** 세 번째 코마다 짧은뜨기 2코씩, 사이에 있는 두 코는 짧은뜨기 1코씩. 총 40코.
5단. 코마다 짧은뜨기 1코씩.
6단. 네 번째 코마다 짧은뜨기 2코씩, 사이에 있는 세 코는 짧은뜨기 1코씩. 총 50코.
7단. 코마다 짧은뜨기 1코씩.

9 **8단.** 옆면을 만들기 시작한다. 오른쪽 반코와 바로 뒤에 있는 코 한 가닥 밑으로 바늘을 넣는다.(3번째 루프에 짧은뜨기)

10

11

12

13

14

15

16

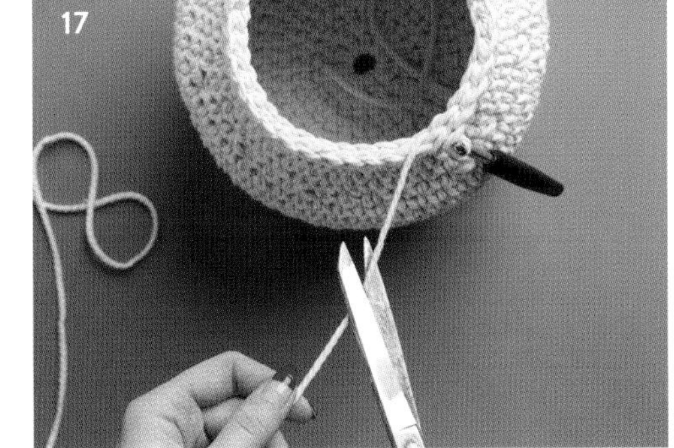

17

10 바닥면과 옆면의 경계가 되는 단을 짧은뜨기로 완성한다. 왼쪽 반코는 편물의 겉면에서 보이게 된다.

11 단을 완성한다.

12 코마다 짧은뜨기 1코씩.

13 **9-19단.** 코마다 짧은뜨기 1코씩.

14 세 코마다 짧은뜨기 2코 모아뜨기, 사이 두 코는 짧은뜨기 1코씩. 이 과정을 반복해 단을 완성한다.

15 총 37코가 만들어졌다.

16 **21-23단.** 짧은뜨기.

17 빼뜨기로 마지막 단을 마무리한다. 실을 잘라 편물 안쪽으로 넣어 정리한다.

18 손잡이를 달 부분에 표시하고 가죽끈에 구멍을 뚫는다.

19 편물 안쪽에서 나사로 리벳을 고정시켜 끈을 단다. 리벳을 달면 뚜껑을 열 때 끈을 아래로 내릴 수 있어 편리하다.

20 뚜껑을 만들 차례다. 바구니를 만들 때와 똑같은 방법으로 4단까지 짜서 바닥면을 만든다(p99 참조).
5-9단. 코마다 짧은뜨기 1코씩. 빼뜨기로 마지막 단을 마무리한다. 실을 잘라 편물 안쪽으로 넣어 정리한다.

둥근 뚜껑 바구니는 다양한 실로 만들 수 있다. 트위스트 몹 얀, 트라필로, 튜브형 저지 실, 투비와 주트까지도 사용할 수 있다.
사진 속 왼쪽의 흰 바구니는 튜브형 저지 실로 만든 것이다. 앞에서 트위스트 몹 얀으로 만든 바구니와 같은 기법을 이용했다. 차이점은 옆면을 7단 더 뜬 후 모아뜨기를 했다. 그리고 짧은 가죽끈 두 개를 실로 꿰매 양쪽에 달았다. 실의 중량은 대략 400g이고 7mm 코바늘을 사용했다.
도토리처럼 생긴 오른쪽의 작은 바구니는 같은 기법을 이용해 주트 실로 완성했다. 고리는 뚜껑의 원형 고리 구멍에 끝을 끼워 넣고 안쪽에서 꿰맸다. 250g의 주트 실과 6mm 코바늘을 사용했다.

Molla
KALALANKA
CLIPPER

패브릭 양동이 S

사 이 즈	높이 20cm, 입구의 지름 21cm
코 바 늘	7mm (점보코바늘)
실	튜브 형태의 에스터리 저지 실 (대체실: 딸리아, 파빠르)
중 량	500g
기타	빈티지 가죽끈 (55cm) 금속 와이어 2개 (지름 15cm, 20cm) 질긴 재봉실

이 책에 담긴 모든 작품 중에서 내가 가장 좋아하는 작품이 이 패브릭 양동이다. 패브릭 양동이를 손끝으로 잡고 도심을 걸으면, 잠깐이지만 도시의 아스팔트 거리는 어느새 시골길로 변한다. 그리고 가족과 함께 포흐얀마의 숲에서 패브릭 양동이에 블루베리를 가득 채우던 그때가 떠오른다. 어머니는 그 블루베리로 세상에서 가장 맛있는 블루베리 타르트를 만들어 주시고는 했다!
바닥면과 입구 가장자리에 와이어를 넣고 견고한 실로 만든 패브릭 양동이는 세탁한 후에도 형태가 변하지 않는다.

2

6

7

1 **바닥면.** 검지와 중지에 실을 두 번 감는다.

1단. 원형 고리에 짧은뜨기 10코. 구멍이 생기지 않도록 실 끝을 당겨 고리를 조여 주고, 실 끝은 코 안으로 넣어 정리한다.

2단. 코마다 짧은뜨기 2코씩. 총 20코.

3단. 한 코씩 번갈아 짧은뜨기 2코씩, 사이에 있는 코는 짧은뜨기 1코씩. 총 30코.

4단. 세 번째 코마다 짧은뜨기 2코씩, 사이에 있는 두 코는 짧은뜨기 1코씩. 총 40코.

5단. 코마다 짧은뜨기 1코씩.

6단. 옆면을 만들기 시작한다(p42 참조). 코 안에 작은 와이어를 넣는다(p44 참조). 오른쪽 반코와 바로 뒤에 있는 코 한 가닥 밑으로 바늘을 넣는다.(3번째 루프에 짧은뜨기) 와이어를 코 안에 넣어 계속 뜨면서 한 단을 완성한다.

7-8단. 코마다 짧은뜨기 1코씩을 떠서 두 단을 완성한다.

9단. 늘려뜨기를 한다. 열 번째 코마다 짧은뜨기 2코씩, 사이에 있는 아홉 코는 짧은뜨기 1코씩.

10-12단. 코마다 짧은뜨기 1코씩.

13단. 늘려뜨기를 한다. 열한 번째 코마다 짧은뜨기 2코씩, 사이에 있는 열 코는 짧은뜨기 1코씩.

14-16단. 짧은뜨기.

2 **17단.** 늘려뜨기를 한다. 열두 번째 코마다 짧은뜨기 2코씩, 사이 열한 코는 짧은뜨기 1코씩.

18-20단. 짧은뜨기.

21단. 가방끈 구멍을 만든다(p52 참조). 단이 바뀌는 부분에 사슬뜨기 2코를 떠서 가방끈 구멍을 만든다.

3 한 코를 거르고 다음 코에 짧은뜨기 1코를 떠서 구멍 윗부분을 편물에 이어준다.

4 짧은뜨기 25코를 뜨고 반대편에 가방끈 구멍을 만든다. 여기서는 18mm 폭의 빈티지 가죽끈을 사용했다.

5 **22단.** 큰 와이어를 코 안에 넣고 짧은뜨기를 한다.

6 가방끈 구멍의 윗부분은 구멍과 가방끈 사이에 조금 여유를 주기 위해서 짧은뜨기 2코를 떴다. 가죽끈의 폭을 재서 구멍의 폭을 맞춘다.

7 와이어를 따라 계속 뜨고 단을 완성한다.

8

10

8 바구니의 위쪽 가장자리는 빼뜨기로 완성한다.

9 실을 잘라 편물 안쪽으로 넣어 정리한다. 튜브형 저지 실의 끝을 살짝 불에 그슬리면 올이 풀리는 것을 방지할 수 있다.

10 원하는 길이로 가죽끈을 자른다. 여기서는 55cm로 잘랐다. 끝에 구멍을 내고 재봉실로 편물에 꿰맨다. 단단히 매듭을 묶고 실을 자른다.

패브릭 양동이 L

사이즈 높이 27cm, 입구의 지름 26cm
코바늘 7mm (점보코바늘)
실 파울라 굵은 면사 (대체실: 딸리아, 파빠르)
중량 800g
기타 가죽끈 (60cm)
금속 와이어 2개 (지름 20cm, 25cm)
질긴 재봉실

패브릭 양동이 L은 굵은 면사로 완성한다. p40의 바닥면 만드는 방법을 참조하여 5단까지 완성한다.

6단. 코마다 짧은뜨기 1코씩.

7단. 옆면을 만들기 시작한다(p42 참조). 코 안에 작은 와이어를 넣는다. 오른쪽 반코와 바로 뒤에 있는 코 한 가닥 밑으로 바늘을 넣는다.(3번째 루프에 짧은뜨기)
와이어 아래에서 바늘에 실을 걸고 와이어를 코 안에 넣어서 뜬다. 와이어를 따라 계속 떠서 단을 완성한다.

8단. 8단부터 늘려뜨기를 한다. 다섯 번째 코마다 짧은뜨기 2코씩, 사이에 네 코는 짧은뜨기 1코씩. 항상 코머리 두 가닥 아래에 바늘을 넣어 짧은뜨기를 한다.

9-10단. 코마다 짧은뜨기 1코씩.

11단. 늘려뜨기를 한다. 열두 번째 코마다 짧은뜨기 2코씩, 사이에 열한 코는 짧은뜨기 1코씩.

12-16단. 코마다 짧은뜨기 1코씩.

17단. 늘려뜨기를 한다. 열두 번째 코마다 짧은뜨기 2코씩, 사이에 열한 코는 짧은뜨기 1코씩. 총 56코.

18-24단. 코마다 짧은뜨기 1코씩.

25단. 큰 와이어를 코 안에 넣고 짧은뜨기를 한다.

26단. 바구니의 입구 쪽 가장자리는 빼뜨기로 완성한다. 실을 잘라 편물 안쪽으로 넣어 정리한다.

이 작품은 가방끈 구멍을 만들지 않고 편물 겉면에 실로 꿰매서 가방끈을 달았다. 손잡이로 쓸 끈에 따라 구멍을 만들 수도 있다. 이 편물에는 24단에서 가방끈을 달았다.

인테리어 소품

Molla Mills
CROCHETTERIE
B 5913

도트 무늬 쿠션

사이즈 50×50cm
코바늘 2.5mm (모사용 4호)
실 리나 코튼 트와인 18겹 (대체실: 코튼3, 코튼클래식)
중량 색상별로 각 300g
기타 지퍼 (50cm)
쿠션 솜

도트 무늬 쿠션을 이리저리 갖고 다니며 여름 내내 많은 시간을 보냈다. 다른 작품들을 완성하는 사이사이에 손에 아무것도 쥐고 있지 않으면 이 쿠션 커버를 떴다. 큰 사이즈의 작품을 뜨고 있으면 반복되는 모티프의 단조로움 때문에 빨리 지겨워지게 된다. 하지만 쿠션 솜이 쿠션 커버에 맞춤처럼 쏙 들어갈 때, 그리고 이 쿠션에 편하게 기대어 다음 작품을 뜨는 순간 고된 작업에 대한 보상이 주어진다.

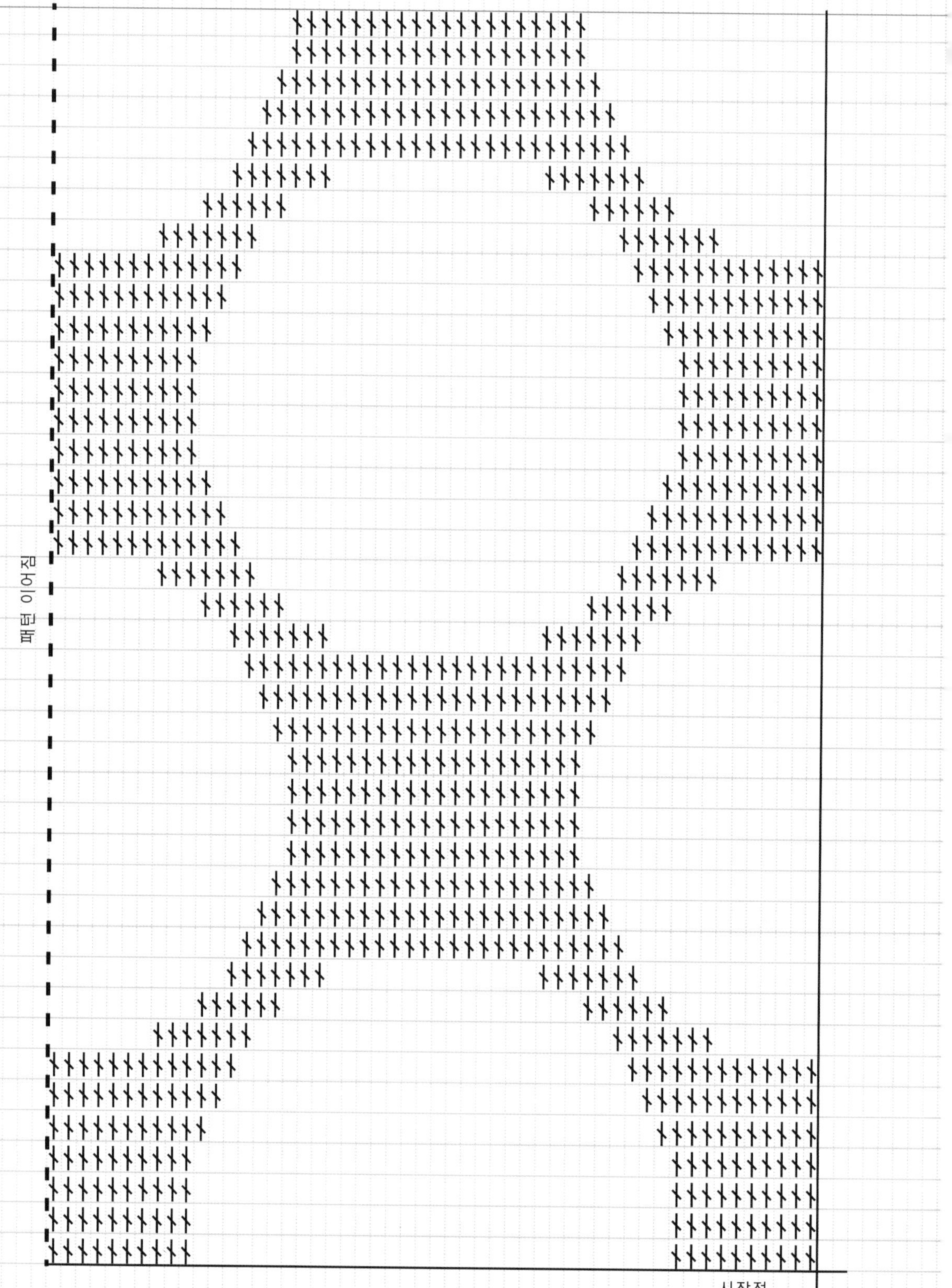

패턴 이어짐

시작점

만드는 법

도트 무늬 쿠션은 블랙 앤 화이트를 모티프로 한 원통형 한길긴뜨기로 완성한다(p60 참조). 쉬는 실은 한길긴뜨기 코에 넣고 같이 뜬다.

검은색 실로 사슬뜨기 208코를 만든 후 빼뜨기로 원통형을 만든다.

1단. 검은색 실로 사슬뜨기 3코를 뜬 다음 흰색 실을 코 안에 넣고 한길긴뜨기 8코를 뜬다. 아홉 번째 한길긴뜨기를 뜨면서 실을 바꿔서 흰색 실로 계속 떠나간다. 흰색 실로 한길긴뜨기 31코를 뜨고 그다음 코를 뜨면서 실을 바꿔서 검은색 실로 계속 뜬다. 검은색 실로 한길긴뜨기 19코를 뜨고 다음 코에서 실을 바꾼다. 이 단에서는 흰색 실로 한길긴뜨기 32코, 검은색 실로 10코를 번갈아 뜬다. 흰색 도트를 4번 반복하고 검은색 실로 한길긴뜨기 10코를 뜬 다음, 맨처음 한길긴뜨기 기둥코의 세 번째 코에 빼뜨기를 뜨고 단을 마무리한다.

2단. 사슬뜨기 3코로 기둥코를 만들고 1단과 같은 방법으로 완성한다.
1단을 4번 반복한 다음 왼쪽 도안처럼 도트 무늬를 만든다.
이 편물은 총 54단으로 완성했다. 마지막 단에서 실을 자르고 안으로 넣어 정리한다.

실을 바꿀 때 편물 안쪽에서 고리처럼 늘어지지 않도록 쉬는 실을 함께 잡아당기는 것을 잊지 말자.

왼쪽 도안은 패턴을 52코로 나눴다.

검은색 실 한길긴뜨기

흰색 실 한길긴뜨기

마무리하기

1 쿠션 커버에 지퍼를 단다. 가장자리가 울지 않도록 조심하면서 편물 겉면에 시침핀으로 지퍼를 고정시킨다. 이때 도트 무늬가 자연스럽게 이어지도록 한다.

2 재봉틀이나 손으로 지퍼를 바느질한다.

3 돗바늘로 편물의 바닥을 잇는다.

4 꿰맨 부분이 안쪽으로 들어가도록 뒤집은 후 쿠션 솜을 넣는다.

5 도트 무늬 쿠션이 완성되었다!

도트 무늬 러그

사이즈 1×2.7m
코바늘 9mm (점보코바늘)
실 튜브형 에코 저지 실 (대체실: 파빠르)
중량 검은색 실 3.5kg
흰색 실 4.5kg

큼지막한 도트 무늬 러그로 집 안을 꾸며보자. 심플하고 간결한 도트 무늬 러그는 유행을 타지 않는다. 이 작품은 사이즈가 크지만 같은 무늬로 현관 매트 정도의 크기를 만들 수도 있다. 여름에 집 정원에서 이 러그를 떴는데 많은 시간이 걸리는 만큼 인내심이 필요했다. 1단을 완성하고 시간을 재보니 7분 정도가 소요됐다. 103단을 뜬다면 얼마나 걸릴까? 총 소요시간은 5단을 완성할 때마다 티타임을 갖고, 정원에서 3층까지 실을 더 가지러 가는 시간, 그리고 편물을 뜨면서 필요한 스트레칭 시간까지 반드시 포함해서 계산해야 한다!

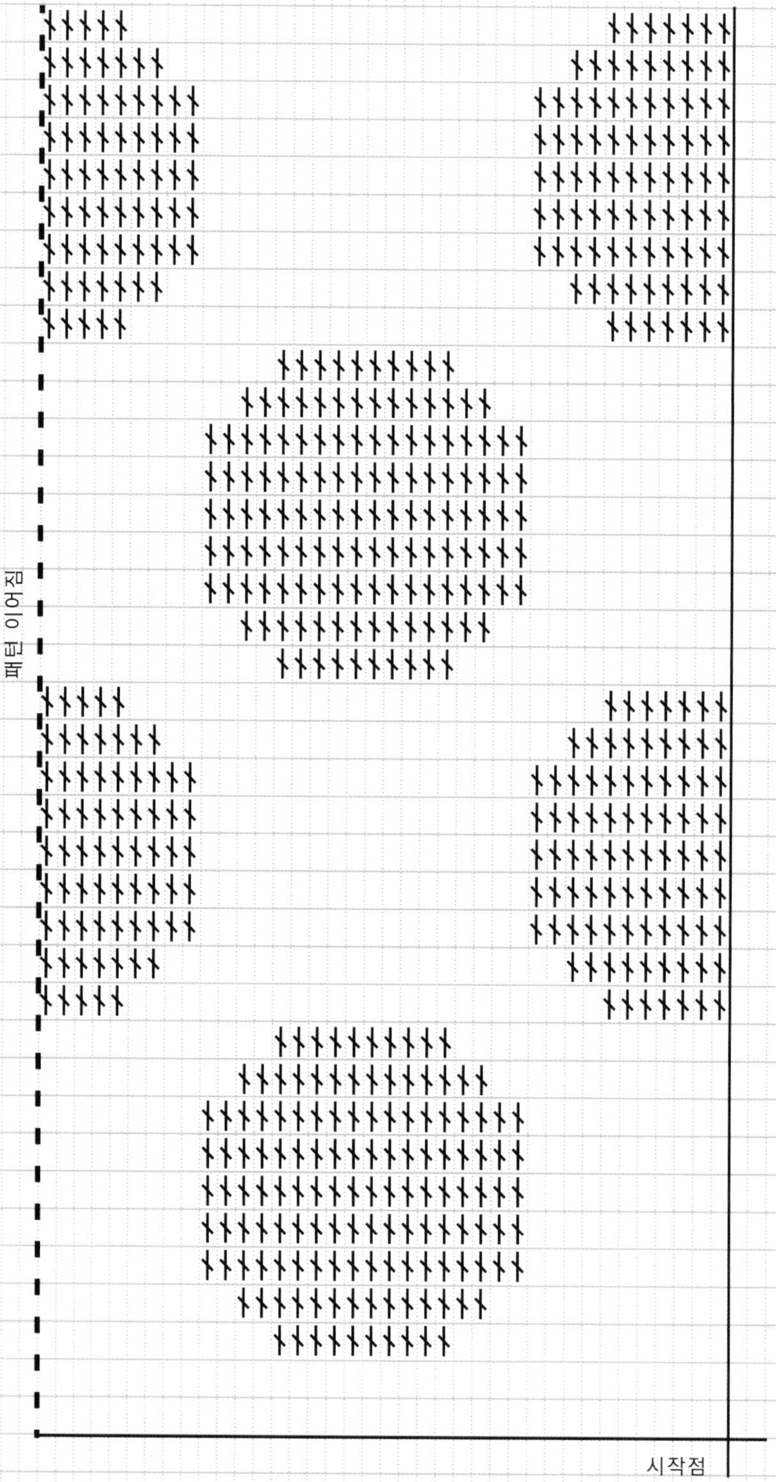

패턴 이어짐

시작점

만드는 법

도트 무늬 러그는 블랙 앤 화이트를 모티프로 한길긴뜨기를 왕복으로 떠서 완성한다(p64 참조). 쉬는 실은 한길긴뜨기 코에 넣고 같이 뜬다.

먼저 흰색 실로 사슬뜨기 78코를 만든다. 마지막 3코는 남겨둔다. 이 3코가 1단의 첫번째 한길긴뜨기가 되며 마지막에 빼뜨기로 가장자리를 마무리할 것이다.

1단. 바늘에서부터 네 번째 코에서 한길긴뜨기를 뜨기 시작한다. 마지막 코를 제외하고 검은색 실을 코 안에 넣고 흰색 실로 코마다 한길긴뜨기 1코씩을 뜬다. 1단 마지막 부분에서 실이 느슨해지지 않도록 검은색 실을 약간 잡아당긴다. 총 76코가 만들어졌다.

2단. 흰색 실로 사슬뜨기 3코를 떠서 2단의 첫 번째 한길긴뜨기로 대체한다. 끝에서 두 번째 코까지 검은색 실을 넣고 코마다 한길긴뜨기를 1코씩 뜬다. 2단 마지막 부분에서 검은색 실을 약간 잡아당긴다.

3단. 흰색 실로 사슬뜨기 3코를 뜨고 시작한다. 검은색 실을 코 안에 넣고 흰색 실로 한길긴뜨기 13코를 뜬다. 이제 실을 바꾼다. 열네 번째 코를 뜨면서 검은색 실로 바꾼다. 검은색 실로 한길긴뜨기 9코를 뜨고 열 번째 코에서 흰색 실로 바꾼다. 흰색 실로 한길긴뜨기 26코, 검은색 실로 10코, 흰색 실로 15코를 차례대로 뜬다. 실을 바꿀 때마다 쉬는 실을 당겨야 한다는 것을 잊지 말자.

검은색 실과 흰색 실로 바꿔가며 단을 완성한다. 실을 바꿀 때는 코를 뜨다가 마지막으로 바늘에 실을 걸 때 다른 색 실을 걸어야 한다. 쉬는 실은 단마다 첫 번째와 마지막 한길긴뜨기를 제외한 코 안에 넣고 뜬다. 그러면 러그 가장자리에 실이 바뀌는 부분이 겉면에서는 보이지 않고 안쪽 면에서만 보이게 된다.

실을 바꿀 때 코 안에 있는 쉬는 실을 당겨주는 것이 중요하다. 쉬는 실이 느슨하면 겉면에서 보이게 된다. 실을 당기면 표면에 울퉁불퉁한 부분이 생기지 않고 가장자리도 반듯해진다.

도안을 참조해 계속 편물을 뜬다. 12단부터는 가장자리의 한길긴뜨기도 검은색 실로 뜬다. 아랫단의 마지막 한길긴뜨기 코를 뜰 때 흰색 실로 바꿔야 한다.

한 단을 완성하기 전에 새 타래로 실을 바꿔야 한다면 매듭으로 묶거나 보이지 않게 실을 바꾼다(p49 참조).

러그는 총 103단으로 완성했다. 길게 떠가면서 모티프를 9번 반복해서 만든다. 처음 두 단과 마지막 두 단은 검은색 실을 코 안에 넣고 흰색 실로 한길긴뜨기를 뜬다. 첫 단과 마지막 단은 빼뜨기로 마무리한다. 실을 자르고 코 안으로 넣어 정리한다.

검은색 실 한길긴뜨기

흰색 실 한길긴뜨기

옷걸이 화분 커버

사이즈 높이 10cm, 지름 10cm
코바늘 6mm (모사용 10호)
실 튜브형 푸키스 저지 실 (대체실: 딸리아)
중량 250g
기타 삼각형 금속 옷걸이
빈티지 가죽끈
재봉실

작은 화분 커버 3개를 만들어서 옷걸이에 이어 붙인 이 작품은 완두콩 껍질을 떠오르게 한다. 허브 화분을 담아 부엌에 걸어두기만 하면 된다. 만들기 쉽고 쓰임이 많은 작품이다.

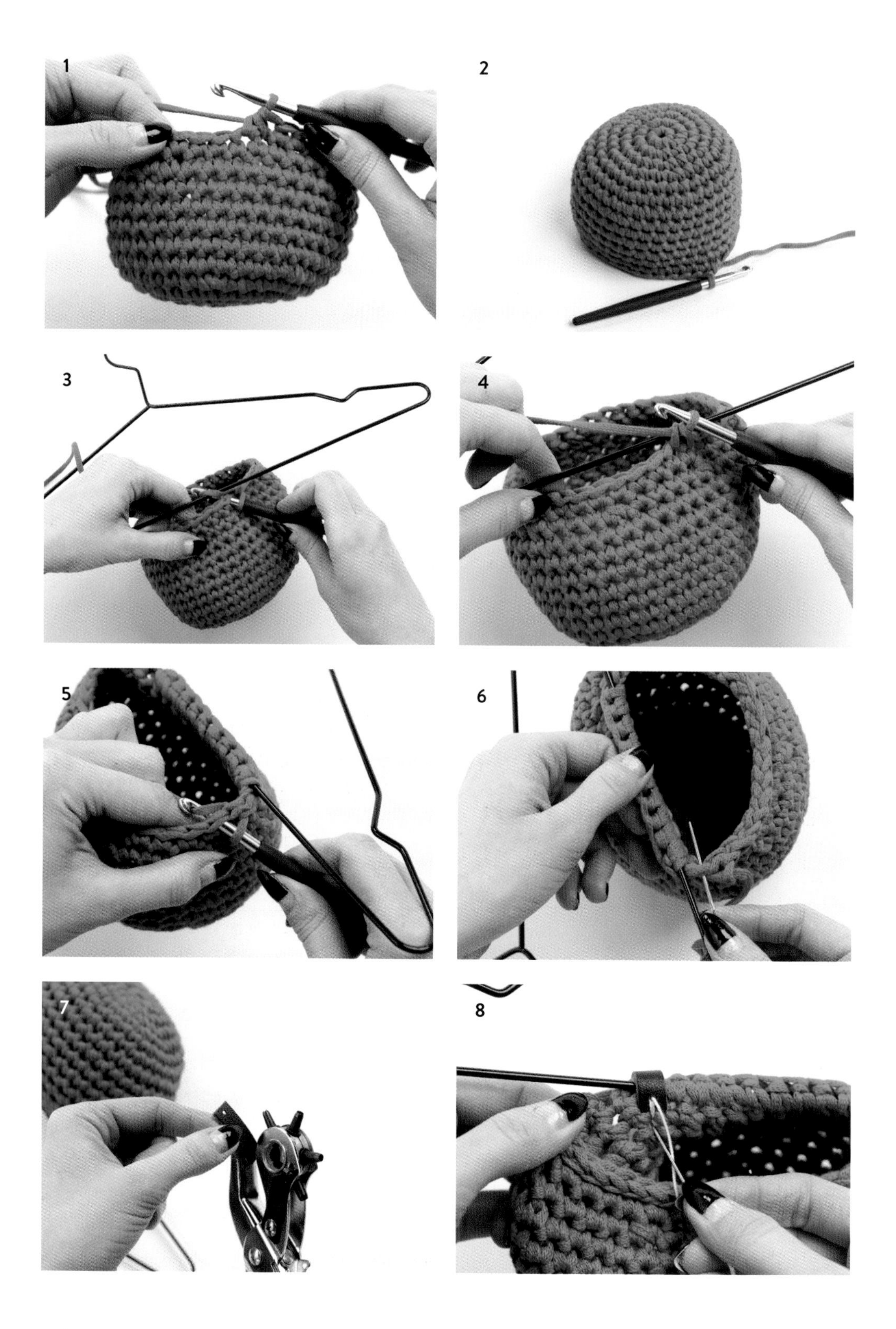
1
2
3
4
5
6
7
8

9

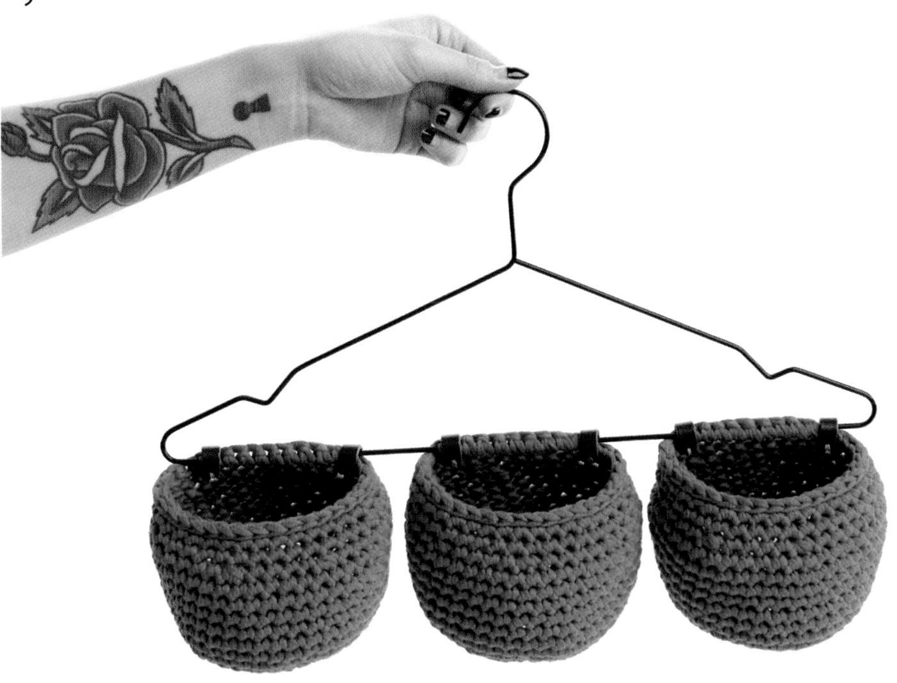

1 **1단.** 원형 고리를 만들어 짧은뜨기 8코를 뜬다.
2단. 나선형으로 코마다 짧은뜨기 2코씩. 총 16코.
3단. 한 코에 짧은뜨기 2코, 다음 코에는 짧은뜨기 1코씩. 총 24코.
4단. 한 코에 짧은뜨기 2코, 사이에 두 코는 짧은뜨기 1코씩. 총 32코.
5단. 코마다 짧은뜨기 1코씩.
6단. 한 코에 짧은뜨기 2코, 사이에 세 코는 짧은뜨기 1코씩. 총 40코.
7-13단. 짧은뜨기.
14단. 2코 모아뜨기와 짧은뜨기 3코를 반복한다. 총 32코.

2 **15단.** 코마다 짧은뜨기 1코씩.

3 단이 바뀌는 부분에서 옷걸이와 편물을 이어준다.

4 코에 바늘을 넣고 옷걸이 아래에서 바늘에 실을 한 번 건다. 실을 고리 안으로 빼내고 다시 옷걸이 아래에서 바늘에 실을 한 번 건다. 옷걸이에 편물을 이어 붙인 첫 번째 코가 완성됐다.

5 옷걸이를 따라서 같은 방법으로 9코를 뜬 다음 화분 커버의 가장자리를 빼뜨기로 완성한다.

6 옷걸이에 편물을 이어 붙인 첫 번째 코에 다시 돌아오면 실을 잘라 안으로 넣어 정리한다.

7 가죽끈을 4cm 길이로 6개 자른 후 끝부분에 구멍을 뚫는다.

8 화분 커버 두 곳에 재봉실로 가죽끈을 꿰매어 단다. 가죽끈을 달면 화분이 담긴 커버가 옷걸이에서 늘어지는 것을 막아준다.

9 나머지 커버 2개도 같은 방법으로 완성한다.

옷걸이 수납 주머니

사이즈 36×10cm
코바늘 2.5mm (모사용 4호)
실 리나 코튼 트와인 18겹 (대체실: 코튼3, 코튼클래식)
중량 색상별로 각 80g
기타 삼각형 금속 옷걸이
빈티지 가죽끈
재봉실

옷걸이에 이어 붙인 수납 주머니는 멜빵이나 브러시, 헤어 오일 병을 넣어두기에 더없이 좋다. 또는 옷 주머니에 항상 넣고 다니는 필수품들을 보관할 수 있는 실용적인 수납 방법이다!
주머니를 옷걸이에 단단히 매달기 위해서 가죽끈을 여러 곳에 달았다. 좀 더 깊은 주머니를 만들려면 단을 더 뜨면 된다.

1

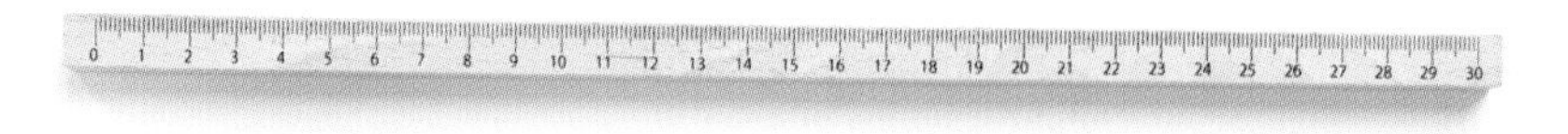
0 1 2 3 4 5 6 7 8 9 10 11 12 13 14 15 16 17 18 19 20 21 22 23 24 25 26 27 28 29 30

2
3
4
5

6

1 흰색 실로 사슬뜨기 160코를 만든 다음 빼뜨기로 원통형을 만든다. 사슬뜨기 3코를 뜨고 코마다 한길긴뜨기를 한다. 이때 검은색 실은 코 안에 넣은 채 함께 뜬다. 흰색 실로 한 단을 다 뜨고 마무리로 검은색 실을 바늘에 걸어서 빼뜨기를 한다. 검은색 실로 한 단을 뜨고 마지막에 빼뜨기를 할 때 실을 바꾼다. 실을 바꿔가며 총 11단을 완성한다. 마지막 단은 흰색 실로 끝냈다. 빼뜨기로 마지막 단을 완성한 후 실을 자르고 안으로 넣어 정리한다.

2 돗바늘로 편물의 바닥을 잇는다.

3 가죽끈을 4cm로 3개 잘라서 끝부분에 구멍을 뚫는다.

4 편물의 양쪽 끝과 가운데 부분에 가죽끈을 꿰매어 달아 옷걸이에 부착한다.

5 편물이 미끄러워 옷걸이에 고정이 되지 않으면, 양쪽 끝과 가운데 부분을 옷걸이에 바로 꿰매고 그 위에 가죽끈을 겹쳐서 꿰매면 튼튼하게 달린다.

6 주머니가 완성되었다!

3

패션 액세서리

가방

도트 무늬 가방

사이즈 40×42cm
코바늘 1.75mm (레이스 0호)
실 리나 코튼 트와인 12겹 (대체실: 피마룩스35수)
중량 검은색 실 150g, 흰색 실 250g
기타 연결고리가 달린 가죽끈 (95cm)
연결고리 2개 (지름 2cm)
직물 테이프 (길이 90cm, 너비 5cm)
자석 버튼
질긴 재봉실

여기저기가 도트 무늬로 넘쳐난다! 블랙 앤 화이트의 도트 무늬는 수년 전부터 클래식한 패턴으로 자리 잡았다. 내 옷장과 부엌 벽에도 크고 작은 도트 무늬가 있다. 하지만 주변과 매우 잘 어울려서 두통을 일으키지는 않는다!
가볍고 귀여운 블랙 앤 화이트 도트 무늬 가방을 메고 외출한다면 어디서든 눈에 띌 것이다. 안감을 넣지 않아도 튼튼한 가방이다.

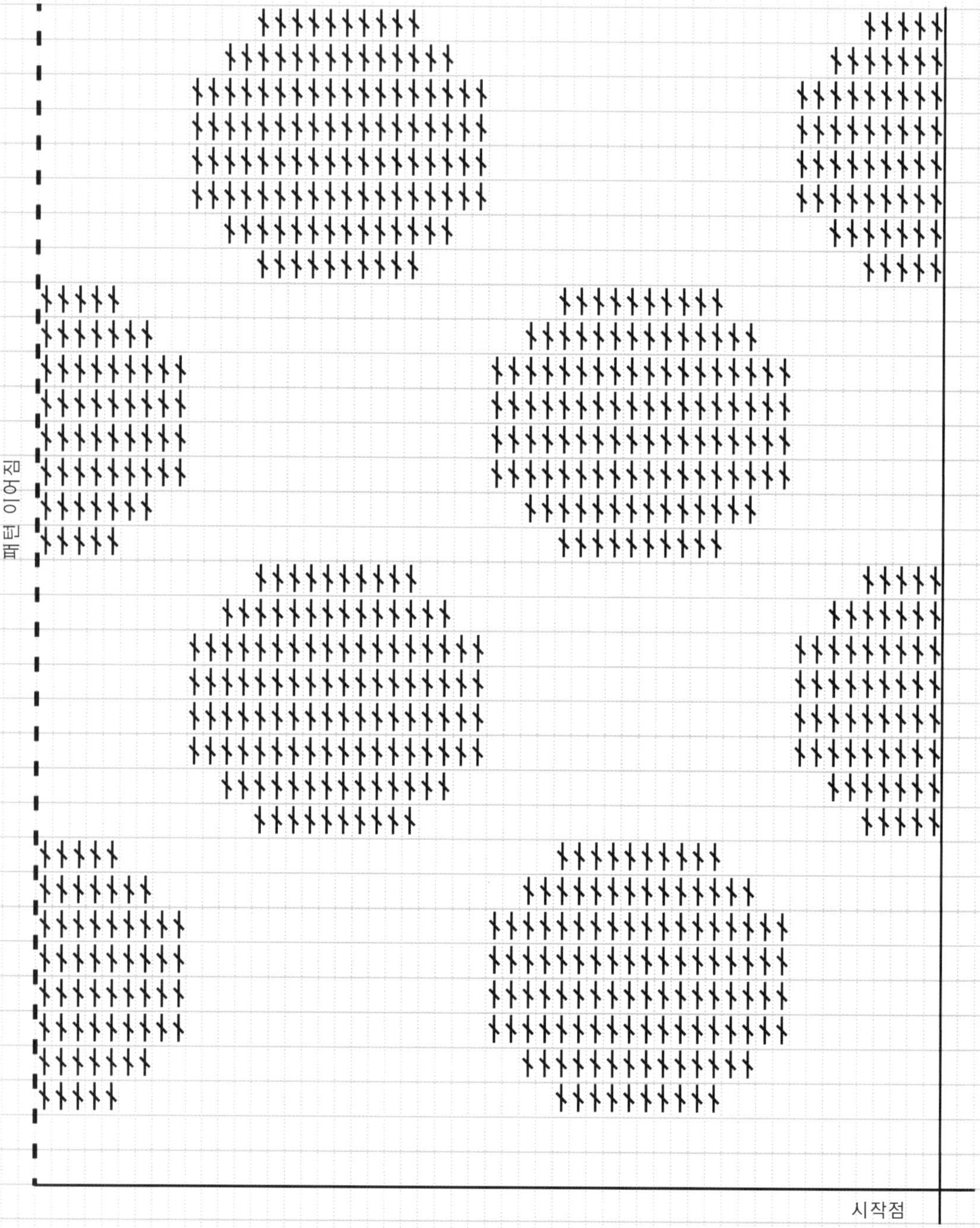

패턴 이어짐

시작점

만드는 법

도트 무늬 가방은 블랙 앤 화이트를 모티프로 한 원통형 한길긴뜨기로 완성한다(p60 참조). 쉬는 실은 한길긴뜨기 코에 넣고 뜬다.

흰색 실로 사슬뜨기 216코를 만든 다음 빼뜨기를 해 원통형으로 이어준다.

1단. 흰색 실로 사슬뜨기 3코를 만든다. 이 사슬코 3개가 첫 번째 한길긴뜨기가 된다. 검은색 실을 코 안에 넣고 흰색 실로 코마다 한길긴뜨기 1코씩을 뜬다. 한 단을 다 뜨고 나면 처음 뜬 사슬뜨기 세 번째 코에 빼뜨기를 한 후 단을 마무리한다.

2단. 1단과 같이 완성한다.

3단. 사슬뜨기 3코를 뜨고 흰색 실로 한길긴뜨기 11코를 만든다. 다음 코에서 한길긴뜨기를 하면서 실을 바꾼다. 검은색 실로 한길긴뜨기 9코를 뜬다. 다음 코에서 한길긴뜨기를 하면서 실을 바꾼다. 이 단에서 흰색 실로 한길긴뜨기 26코, 검은색 실로 10코를 반복하면서 단을 완성한다. 총 6번을 반복해서 모티프를 만든다. 처음 뜬 사슬뜨기 세 번째 코에서 빼뜨기로 단을 마무리한다.

왼쪽 도안을 따라서 계속 편물을 뜬다. 총 60단으로 완성했고 마지막 두 단은 검은색 실을 코 안에 넣고 흰색 실만 사용했다. 편물을 완성하면 실을 자르고 실 끝을 안으로 넣어 정리한다. 편물 안쪽에서 실이 고리처럼 늘어지지 않도록 실을 바꿀 때마다 쉬는 실을 당겨줘야 한다.

왼쪽 도안은 패턴을 36코로 나눴다.

검은색 실 한길긴뜨기

흰색 실 한길긴뜨기

1

2

3

4

5

마무리하기

1 돗바늘로 편물의 바닥을 잇는다.

2 마지막 빼뜨기했던 단을 따라서 직물 테이프를 편물 겉면에 꿰맨다.

3 꿰맨 직물 테이프를 가방 안쪽으로 접어 넣는다.

4 접어 넣은 직물 테이프의 하단을 꿰맨다.

5 편물의 입구 양쪽 끝에 연결고리 달 곳을 표시한 후 재봉실로 고리를 꿰맨다.

6 이때 가방의 무게를 견딜 수 있도록 튼튼하게 꿰매야 한다.

7 자석 버튼을 입구 중간에 단다.

8 가방끈을 연결고리에 건다.

9 도트 무늬 가방이 완성되었다!

40
33
23.
24.

도트 무늬 워머

도트 무늬 가방(p148 참조)을 만드는 방법으로 다양한 패션 소품도 만들 수 있다. 왼쪽 사진 속 도트 무늬 워머는 모 혼방 실로 만들었다. 노란색 실 350g과 검은색 실 250g, 그리고 4mm 코바늘(모사용 7호)을 사용했다. 실은 핀란드의 이소벨리(Isoveli) (모 75%, 나일론 25%)를 사용했다. (대체실: 파트너6)

만드는 법

노란색 실로 사슬뜨기 216코를 만든 다음 빼뜨기로 원통형을 만든다.

1단. 노란색 실로 사슬뜨기 3코를 만든다. 이 사슬코 3개가 첫 번째 한길긴뜨기가 된다. 검은색 실을 코 안에 넣고 노란색 실로 코마다 한길긴뜨기 1코씩을 뜬다. 한 단을 다 뜨고 나면 처음 뜬 사슬뜨기 세 번째 코에 빼뜨기를 한 후 단을 마무리한다.

2단. 사슬뜨기 3코를 뜨고 노란색 실로 한길긴뜨기 11코를 만든다. 다음 코에서 한길긴뜨기를 하면서 실을 바꾼다. 검은색 실로 한길긴뜨기 9코를 뜬다. 다음 코에서 한길긴뜨기를 하면서 실을 바꾼다. 이 단에서 노란색 실로 한길긴뜨기 26코, 검은색 실로 한길긴뜨기 10코를 반복하면서 단을 완성한다. 총 6번을 반복해서 패턴을 만든다. 처음 뜬 사슬뜨기 세 번째 코에서 빼뜨기로 단을 마무리한다.

p152의 도안을 따라서 계속 편물을 뜨지만 무늬를 한 단 더 높이기 위해서 무늬 한가운데에 한 단을 더 추가한다. 총 29단으로 완성했고 마지막 단은 검은색 실을 코 안에 넣고 노란색 실만 사용했다. 편물을 완성하면 실을 자르고 실 끝을 안으로 넣어 정리한다.
편물 안쪽에서 실이 고리처럼 늘어지지 않도록 실을 바꿀 때마다 쉬는 실을 당겨줘야 한다.

도안은 패턴을 36코로 나눴다.

육각 무늬 토트백

사이즈 38×40cm
코바늘 2.5mm (모사용 4호)
실 리나 코튼 트와인 18겹 (대체실: 코튼3, 코튼4)
중량 색상별로 각 230g
기타 직물 테이프 (길이 80cm, 너비 5cm)
빈티지 가죽끈 (100cm)
질긴 재봉실

육각 무늬 토트백은 안감이 없어 가벼우면서도 튼튼한 가방이다. 튼튼한 18겹 면사를 사용하면 몇 년 동안은 끄떡없이 사용할 수 있다. 육각 무늬는 계속 반복해서 뜨기만 하면 되기 때문에 가방을 빨리 완성할 수 있을 것이다. 넓고 두툼한 손잡이를 달 수도 있고 지퍼를 사용할 수도 있다. 주머니가 있는 안감을 넣어도 된다. 하지만 이 책에서 소개하는 대로 똑같이 만들면 뜨기 쉽고 들고 다니기에도 가볍다.

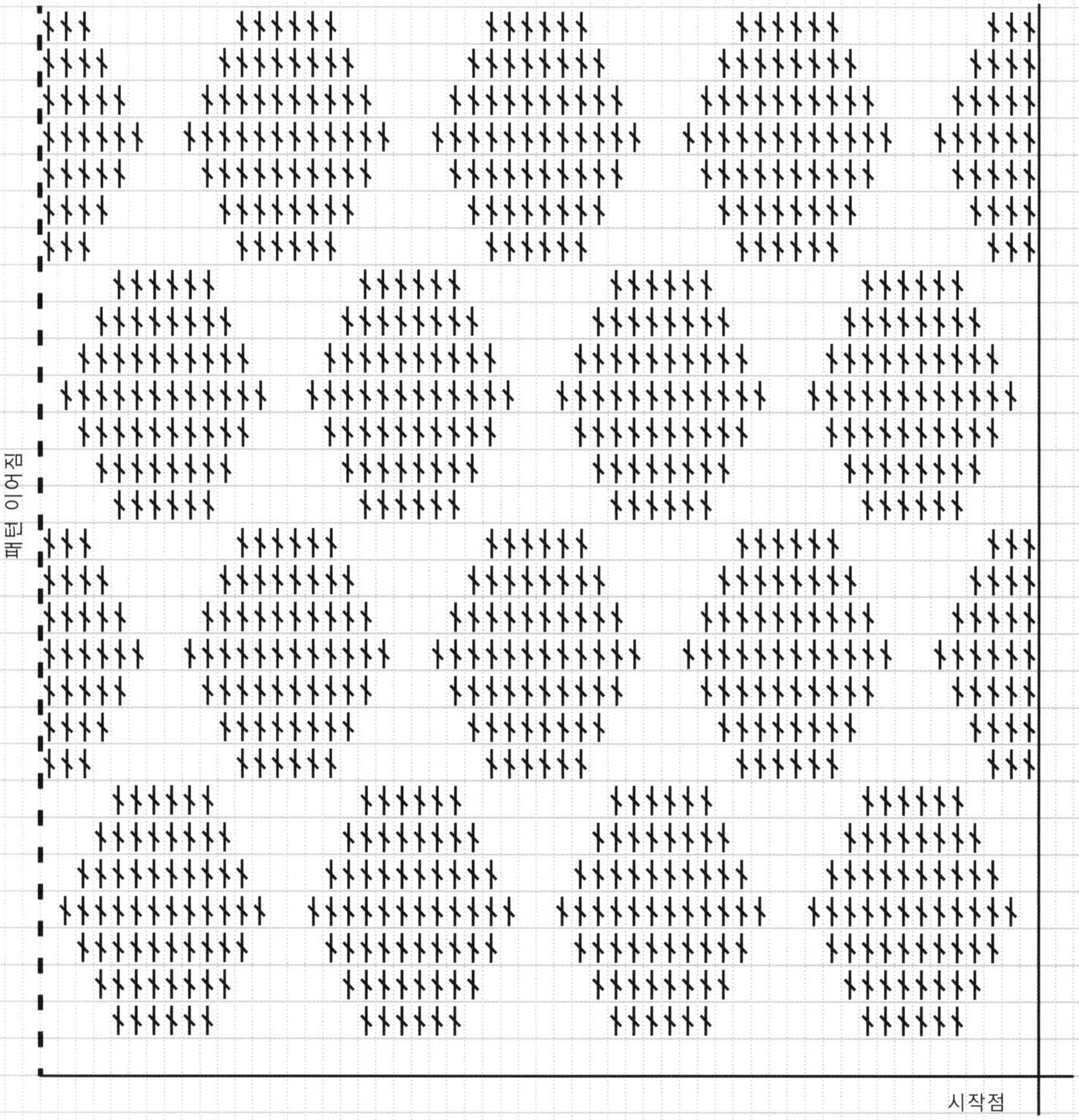

패턴 이어점

시작점

만드는 법

육각 무늬 토트백은 블랙 앤 화이트를 모티프로 한 원통형 한길긴뜨기로 완성한다(p60 참조). 쉬는 실은 한길긴뜨기 코에 넣고 함께 뜬다.

흰색 실로 사슬뜨기 168코를 만든 다음 빼뜨기로 원통형을 만든다.

1단. 흰색 실로 사슬뜨기 3코를 만든다. 이 사슬코 3개가 첫 번째 한길긴뜨기가 된다. 검은색 실을 코 안에 넣고 흰색 실로 코마다 한길긴뜨기 1코씩을 뜬다. 한 단을 다 뜨고 나면 처음 뜬 사슬뜨기 세 번째 코에 빼뜨기를 한 후 단을 마무리한다.

2단. 사슬뜨기 3코를 뜨고 흰색 실로 한길긴뜨기 2코를 만든다. 다음 코에서 한길긴뜨기를 하면서 실을 바꾼다. 검은색 실로 한길긴뜨기 5코를 뜬다. 여섯 번째 코에서 한길긴뜨기를 하면서 실을 바꾼다. 흰색 실로 한길긴뜨기 7코를 뜨고 다음 코에서 실을 바꾼다. 이 단에서는 검은색 실로 한길긴뜨기 6코, 흰색 실로 8코를 반복해서 단을 완성한다. 총 12번을 반복해서 모티프를 만든다. 한 단을 다 뜨고 나면 처음 뜬 사슬뜨기 세 번째 코에서 빼뜨기로 단을 마무리한다.

왼쪽 도안을 따라서 계속 편물을 뜬다. 총 45단으로 완성했고 마지막 두 단에는 검은색 실을 코 안에 넣고 흰색 실만 사용했다. 편물을 완성하면 실을 자르고 안으로 넣어 정리한다. 편물 안쪽에서 실이 늘어지지 않도록 실을 바꿀 때마다 쉬는 실을 당겨줘야 한다.

왼쪽 도안은 패턴을 14코로 나눴다.

검은색 실 한길긴뜨기

흰색 실 한길긴뜨기

1
2
3
4
5

6

7

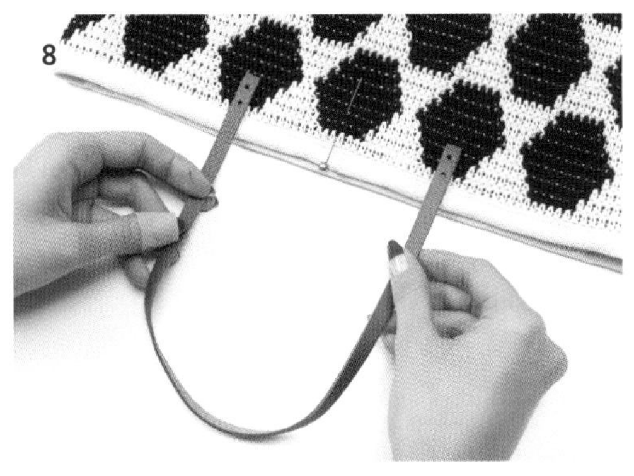

8

9

마무리하기

1 돗바늘로 편물의 바닥을 잇는다.

2 바닥 재봉선에서 직각으로 길이가 8cm 되는 곳에 선으로 표시한다.

3 시침핀으로 고정한 후 선을 따라 홈질로 꿰맨다.

4 이제 바닥이 완성됐다. 이렇게 모서리를 꿰매주면 바닥면에 각이 생기고 더 넓어진다.

5 가방의 입구 겉면에 직물 테이프를 대고 재봉틀로 꿰맨다. 위에서 두 번째 단에 꿰맨다.

6 직물 테이프가 겉면에서 1cm 정도 보이도록 남겨두고 가방 안쪽으로 접어 넣고 꿰맨다.

7 가방끈 달 곳을 표시한 후 원하는 길이만큼 가방끈을 자른다.

8 여기서는 얇은 가죽끈을 사용했다. 끈의 끝부분에 구멍을 뚫는다.

9 양쪽으로 끈을 단다. 육각 무늬 토트백이 완성되었다!

육각 무늬 숄더백

사이즈 48×50×10cm (편물 사이즈 : 48×42cm)
코바늘 1.75mm (레이스 0호)
실 리나 코튼 트와인 12겹 (대체실: 피마룩스35수)
중량 색상별로 각 250g
기타 빈티지 가죽끈 (140cm)
안감용 면 (50×60cm)
면 캔버스 (20×60cm)
펠트지 (20×60cm)
질긴 재봉실

육각 무늬 숄더백은 유행을 타지 않고 남녀 모두 사용할 수 있는 가방이다. 심플하고 간결하면서도 특별한 느낌을 준다. 가방 바닥을 튼튼하게 만들기 위해 이어 붙인 면 캔버스 때문에 내구성이 더 좋아졌다. 완성하려면 며칠이 걸리기 때문에, 날이 좋을 때 메고 싶다면 봄볕이 내리쬘 때쯤 가방을 뜨기 시작하자.

20 21 22 23 24 25 26 27 28 29 30

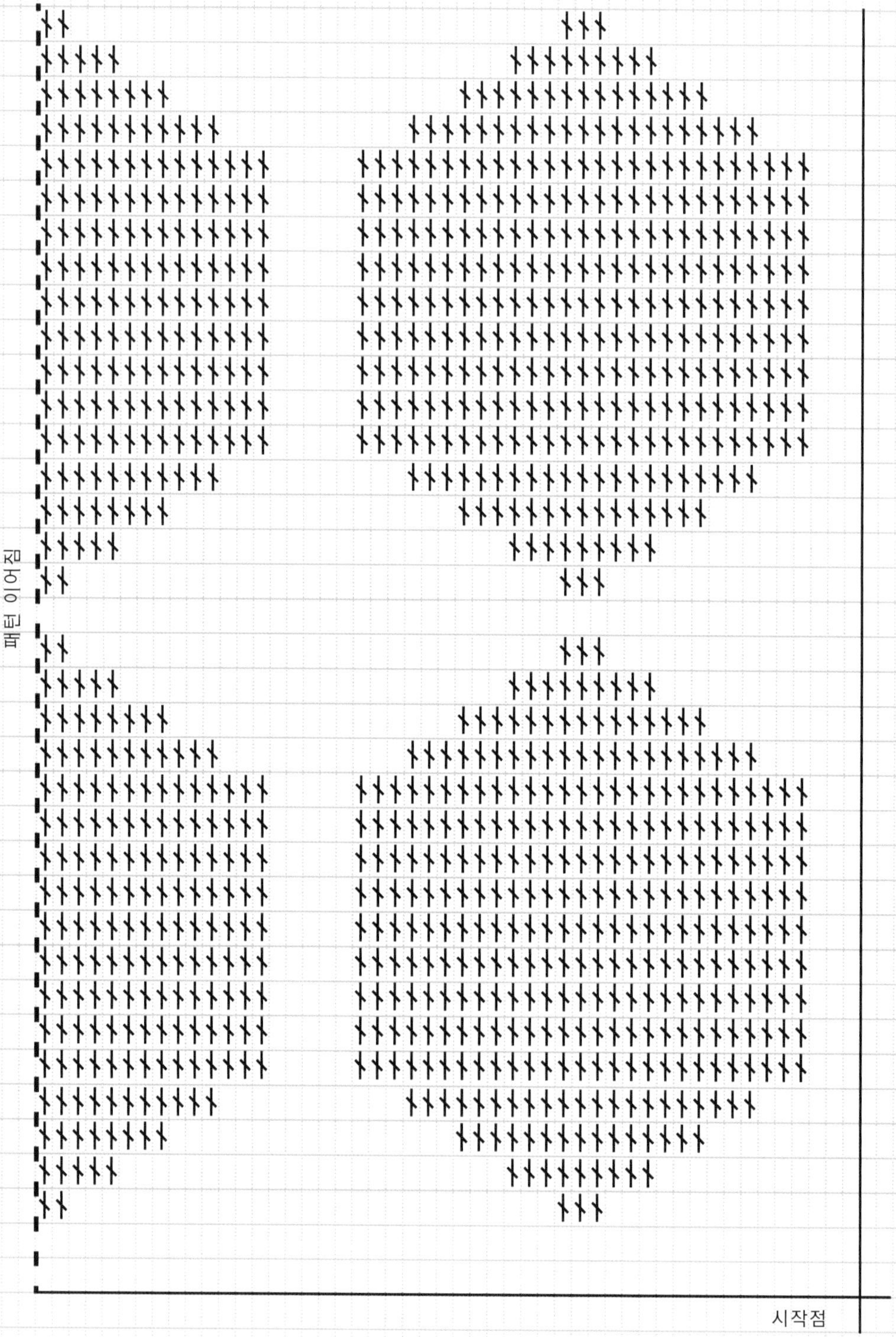

패턴 이어짐

시작점

만드는 법

육각 무늬 숄더백은 블랙 앤 화이트를 모티프로 한 원통형 한길긴뜨기로 완성한다(p60 참조). 쉬는 실은 한길긴뜨기 코에 넣고 같이 뜬다.

흰색 실로 사슬뜨기 256코를 만든 다음 빼뜨기로 원통형을 만든다.

1단. 흰색 실로 사슬뜨기 3코를 만든다. 이 사슬코 3개가 첫 번째 한길긴뜨기가 된다. 검은색 실을 코 안에 넣고 흰색 실로 코마다 한길긴뜨기 1코씩을 뜬다. 한 단을 다 뜨고 나면 처음 뜬 사슬뜨기 세 번째 코에 빼뜨기를 한 후 단을 마무리한다.

2단. 아랫단과 같이 완성한다.

3단. 사슬뜨기 3코를 뜬 다음 흰색 실로 한길긴뜨기 13코를 만든다. 다음 코에서 한길긴뜨기를 하면서 실을 바꾼다. 검은색 실로 한길긴뜨기 2코를 뜨고 세 번째 한길긴뜨기를 뜨면서 실을 바꾼다. 흰색 실로 한길긴뜨기 28코를 뜨고 다음 코에서 실을 바꾼다. 이 단에서는 검은색 실로 한길긴뜨기 3코, 흰색 실로 한길긴뜨기 29코를 반복해서 완성한다. 총 8번 반복해서 모티프를 만든다. 한 단을 다 뜨고 나면 처음 뜬 사슬뜨기 세 번째 코에 빼뜨기를 한 후 단을 마무리한다.

왼쪽 도안을 따라서 계속 편물을 뜬다. 총 58단으로 완성했고 마지막 세 단에는 검은색 실을 코 안에 넣고 흰색 실만 사용했다. 마지막 단은 빼뜨기로 마무리한다. 편물을 완성하면 실을 자르고 안으로 넣어 정리한다. 편물 안쪽에서 실이 고리처럼 늘어지지 않도록 실을 바꿀 때마다 쉬는 실을 당겨줘야 한다.

왼쪽 도안은 패턴을 32코로 나눴다.

 검은색 실 한길긴뜨기

흰색 실 한길긴뜨기

1

2

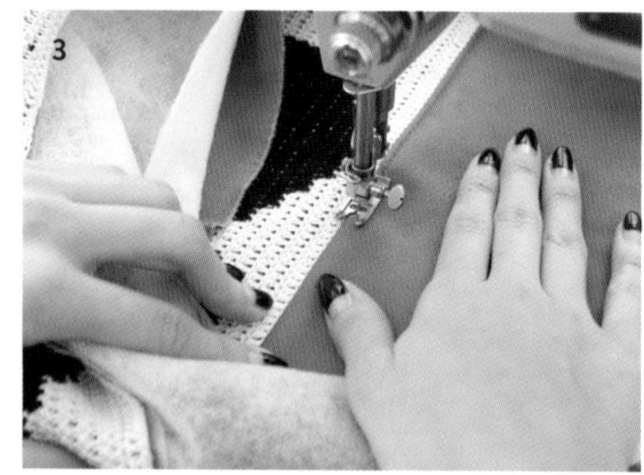
3

4

5

6

7

8

마무리하기

1 갈색 면 캔버스와 펠트지를 15 × 48cm 크기에 시접 1cm 여유분을 포함해 자른다. 면 캔버스에 펠트지를 겹치고 편물의 아래쪽 가장자리에 겉면을 맞대게 놓은 후 시침핀으로 고정한다.

2 가장자리 끝에서 1cm 여유를 두고 꿰맨다. 중간에 편물을 당기지 않도록 한다. 사진처럼 편물에 가방 바닥면이 생겼다.

3 갈색 재봉실로 편물 겉면에서 한 번 더 꿰맨다.

4 가방 바닥을 꿰맨다.

5 바닥 재봉선에서 직각으로 길이가 10cm 되는 곳에 선으로 표시한다. 선이 기울어지지 않고 재봉선에서부터 양쪽으로 길이가 같아지도록 한다. 이 모서리를 바느질하면 바닥면에 각이 생기고 더 넓어진다.

6 선을 따라 재봉틀로 두 번 박으면 바닥이 더 튼튼해진다.

7 바닥면의 한 모서리가 완성됐다. 반대편도 대칭을 이루도록 완성한다.

8 모양이 잘 잡히도록 다림질한다. 다리미의 온도가 너무 높지 않도록 주의한다. 사용한 천에 따라서 온도를 잘 조절한다. 물에 적신 천을 대고 다리는 것도 한 가지 방법이다.

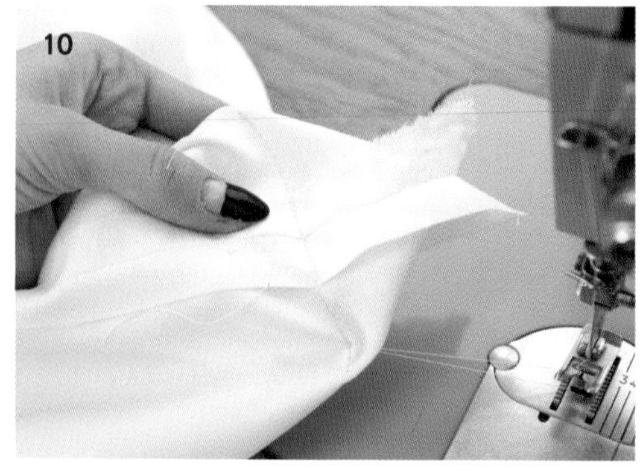

9 가방 안쪽의 길이를 재고 시접으로 양쪽 1cm, 위쪽 2cm의 여유를 두고 안감을 자른다. 안감에 붙일 주머니도 원하는 크기로 잘라 위쪽 가장자리를 접어 바느질한 후 안감에 대고 꿰맨다.

10 가방의 바닥을 만들 때와 같은 방법으로 안감의 바닥을 만든다.

11 안감의 위쪽 가장자리를 2cm 안으로 접어 넣은 다음 편물 위에 올려놓고 가장자리가 늘어나지 않도록 주의하면서 꿰맨다.

12 가방끈 달 곳을 표시한다. 여기서는 가방끈을 70cm로 잘랐다.

13 끈의 끝부분에 구멍을 뚫는다.

14 재봉실로 가방끈을 꿰맨다.

다이아몬드 무늬 클러치백

사이즈 38×38cm
코바늘 2.5mm (모사용 4호)
실 리나 코튼 트와인 18겹 (대체실: 코튼3, 코튼클래식)
중량 색상별로 각 220g
기타 빈티지 가죽끈 (70cm)
직물 테이프 (길이 1.2m, 너비 2.5cm)
똑딱단추 2개
재봉실

이 가방의 무늬는 포흐얀마에서 여름에 열린 카우하바 공예가 축제에서 선보인 것이다.
지역 예술 공예가들을 보며 감탄했고, 축제에 참여한 수공예 아마추어들과 함께 마음을 나눌 커뮤니티를 찾아냈다. 포흐얀마는 전통 공예가들이 큰 존경을 받고, 많은 사람들이 전통 공예를 수호하고 보전하기 위해 애를 쓰는 도시다. 나에게도 이러한 노력과 전통을 새롭게 만드는 것에 동참하는 것은 매우 중요하다.
다이아몬드 무늬 클러치백은 나만의 기하학적 패턴과 함께 가장 유명한 모티프 중 하나이면서 포흐얀마에서 전통적인 스웨터로 유명한 '유씨(Jussi)'의 디자인을 결합한 것이다. 이 작품에는 여러 기하학적인 패턴 속에 전통 다이아몬드 무늬가 숨어있다. 그 결과로 '유씨'의 스웨터가 구현하고 있는 핀란드의 그 유명한 '시수(sisu, 끈기, 인내라는 의미)'를 나름의 방식으로 표현한 가방이 탄생한 것이다.

0 1 2 3 4 5 6 7 8 9 10 11 12 13 14 15 16 17

22 23 24 25 26 27 28 29 30

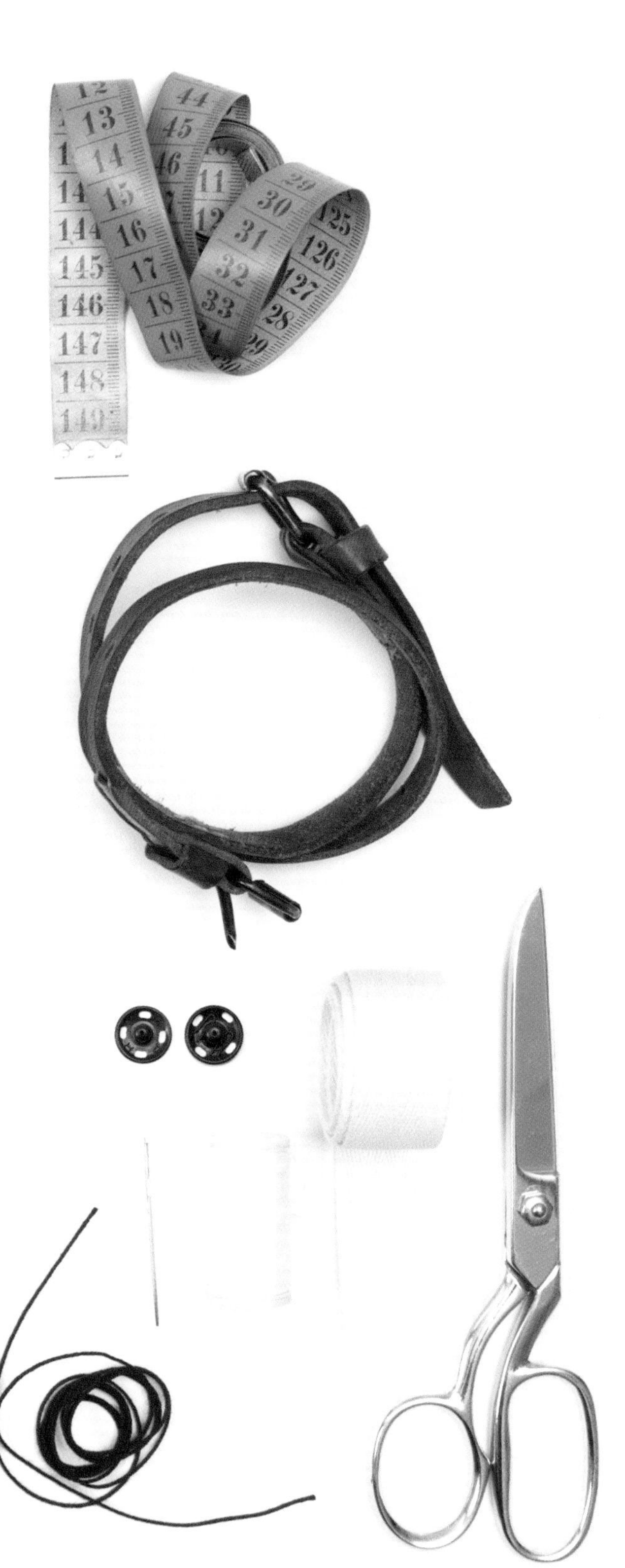
13 14 15 16 17 18 19
144 145 146 147 148 149
44 45 46
29 30 31 32 33 28
125 126 127

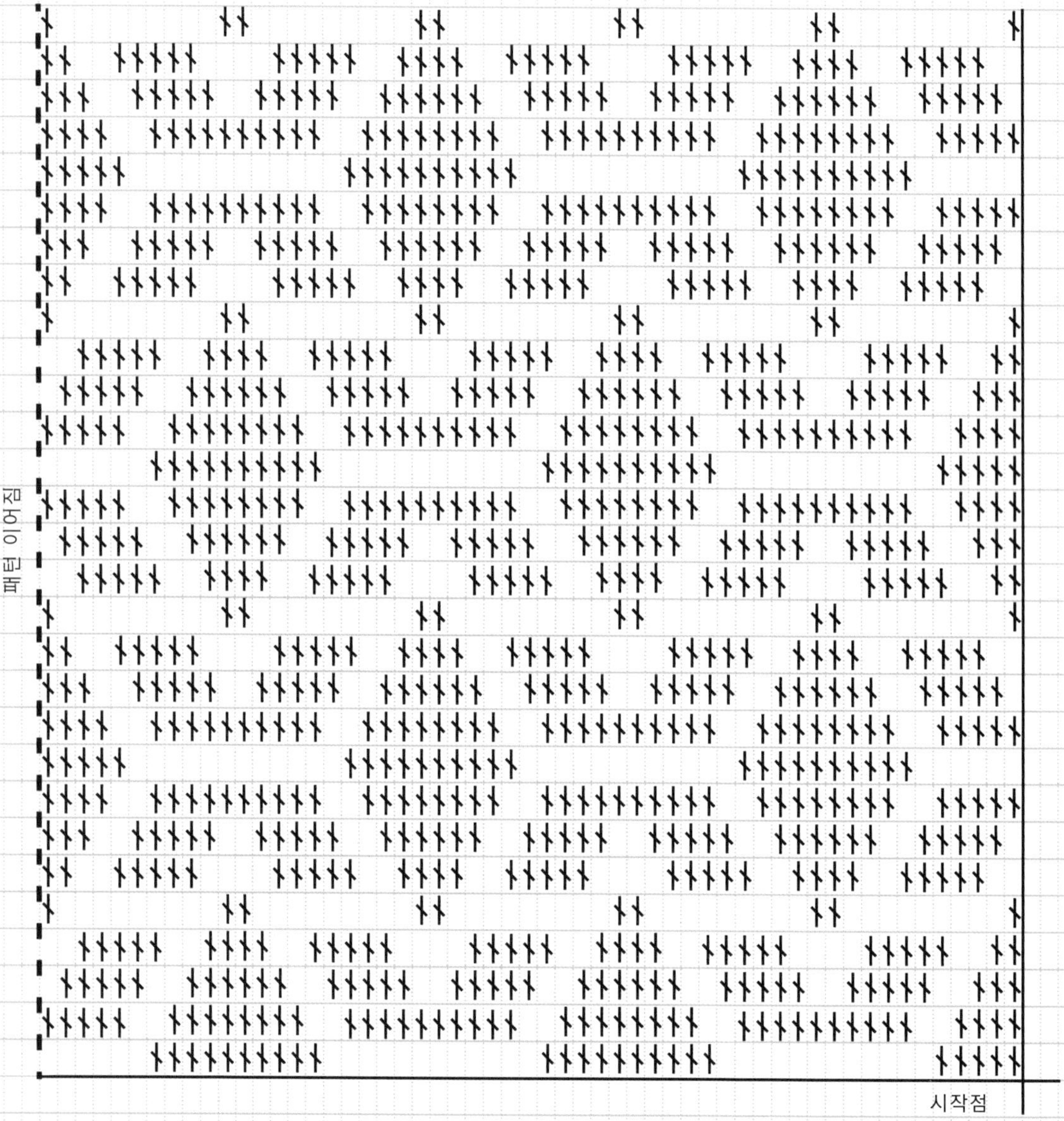

패턴 이어짐

시작점

만드는 법

다이아몬드 무늬 클러치백은 블랙 앤 화이트를 모티프로 한 원통형 한길긴뜨기로 완성한다(p60 참조). 쉬는 실은 한길긴뜨기 코에 넣고 같이 뜬다.

검은색 실로 사슬뜨기 176코를 만든 다음 빼뜨기로 원통형을 만든다.

1단. 검은색 실로 사슬뜨기 3코를 만든다. 이 사슬코 3개가 첫 번째 한길긴뜨기가 된다. 흰색 실을 코 안에 넣고 검은색 실로 한길긴뜨기 3코를 뜬다. 네 번째 한길긴뜨기를 뜨면서 실을 바꾼다. 흰색 실로 한길긴뜨기 11코를 뜨고 다음 코에서 실을 바꾼다. 검은색 실로 한길긴뜨기 10코, 흰색 실로 12코를 반복하면서 단을 완성한다. 8회 반복하면서 모티프를 완성한다. 한 단을 다 뜨고 나면 처음 뜬 사슬뜨기 세 번째 코에 빼뜨기를 한 후 단을 마무리한다.

왼쪽 도안을 따라서 계속 편물을 뜬다. 총 45단으로 완성했다. 편물을 완성하면 실을 자르고 실 끝을 안으로 넣어 정리한다. 편물 안쪽에서 실이 고리처럼 늘어지지 않도록 실을 바꿀 때마다 쉬는 실을 당겨줘야 한다.

왼쪽 도안은 패턴을 22코로 나눴다.

검은색 실 한길긴뜨기

흰색 실 한길긴뜨기

5

마무리하기

1 돗바늘로 편물의 바닥을 잇는다.

2 가방의 중앙에 가죽끈 달 곳을 표시한다. 가죽끈을 다는 곳은 가죽끈의 길이에 따라 달라진다. 여기서는 70cm 가죽끈을 달았다.

3 사용하면서 가방끈이 느슨해지는 것을 막기 위해 가방 안쪽에 직물 테이프를 덧댄다.

4 재봉실로 직물 테이프를 꿰맨다.

5 직물 테이프 덧대기가 완성되었다.

6 가방의 입구를 따라서 안쪽 둘레를 재고 직물 테이프를 같은 길이로 자른 후 편물 안쪽에 시침핀으로 고정한다.

7 가방 둘레를 따라서 직물 테이프의 위와 아래쪽 가장자리를 모두 꿰맨다.

8 재봉실로 가죽끈을 단다. 편물 안쪽의 직물 테이프도 함께 꿰맨다. 가죽끈은 적어도 3곳을 같은 방법으로 꿰맨다.

9 안쪽에 직물 테이프를 달아서 가죽끈이 움직이지 않고 잘 고정된다.

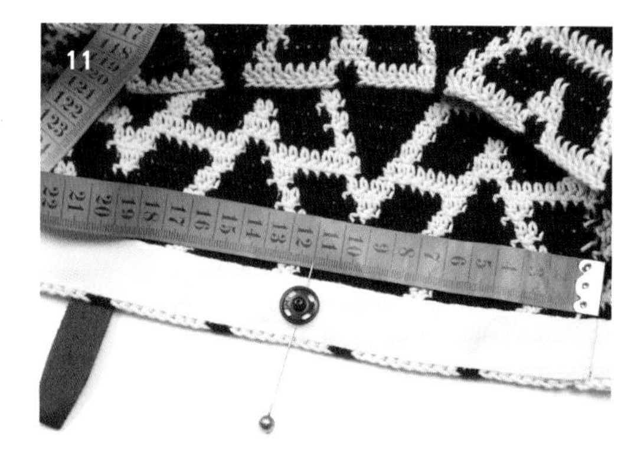

10 가죽끈을 달았다.

11 가방 입구의 양쪽 끝에서 11cm가 되는 지점에 각각 똑딱단추 2개를 단다.

12 다이아몬드 무늬 클러치백이 완성되었다!

V
VIRK
KURI
VIRK
KURI

파우치와 주머니

사슬 무늬 파우치

사이즈 25×22cm
코바늘 1.75mm (레이스 0호)
실 리나 코튼 트와인 12겹 (대체실: 피마룩스35수)
중량 색상별로 각 80g
기타 직물 테이프 (길이 60cm, 너비 2cm)
고무줄 (30cm)
재봉실

사슬 무늬는 수십 년 전부터 패션계에서 유명한 패턴이다. 그중에서도 다이앤 본 퍼스텐버그(Diane von Furstenberg)와 이바나 헬싱키(Ivana Helsinki)의 패턴을 가장 좋아한다. 이러한 독자적인 패턴은 오늘날에는 거의 보기 드물다. 그래서 나만의 패턴을 만들어봤다. 심플한 모티프여서 실이나 콧수를 바꾸기만 하면 여러 가지 패션 소품으로 탄생할 수 있다.

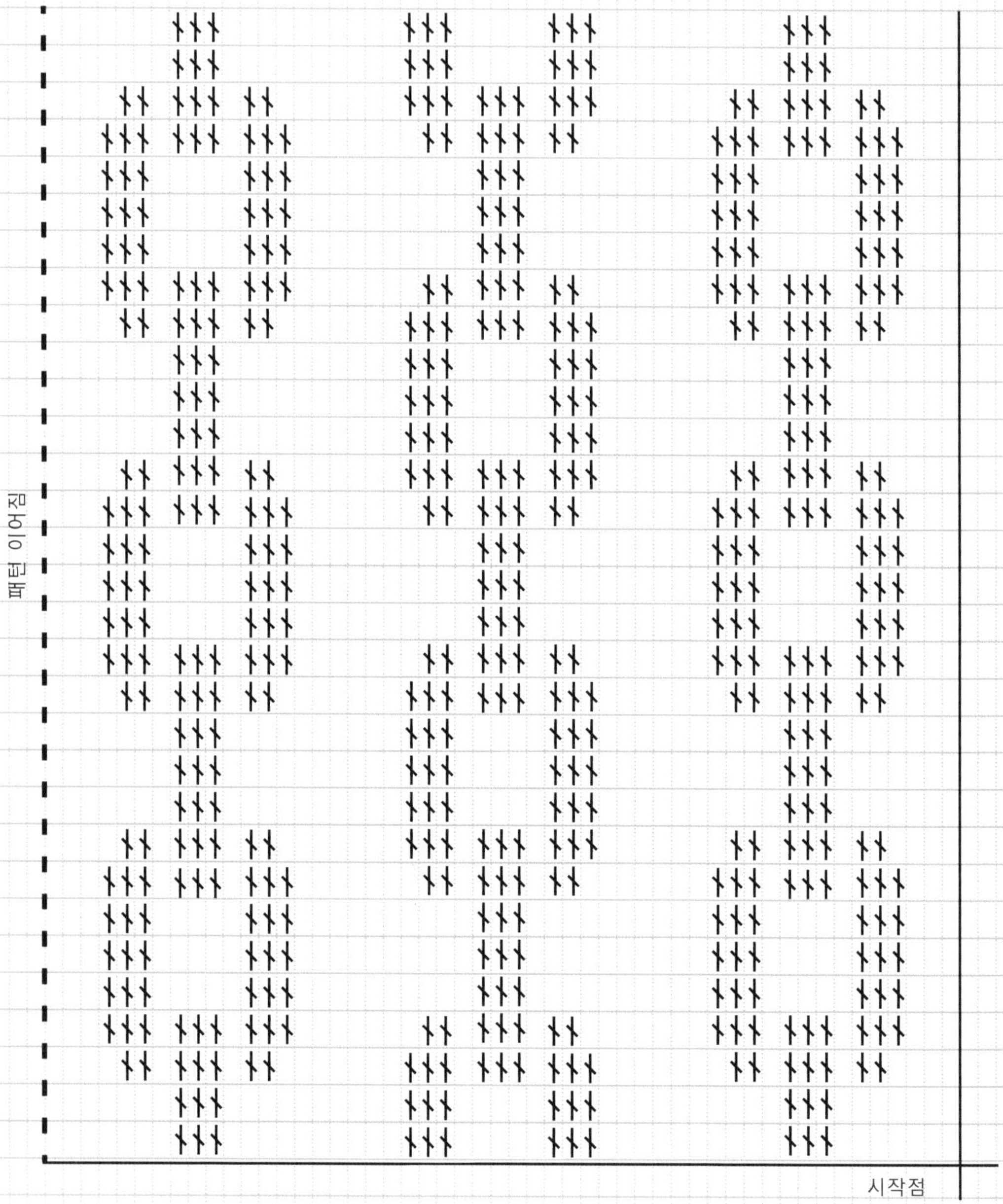

패턴 이어짐

시작점

만드는 법

사슬 무늬 클러치백은 블랙 앤 화이트를 모티프로 한 원통형 한길긴뜨기로 완성한다(p60 참조). 쉬는 실은 한길긴뜨기 코에 넣고 같이 뜬다.

흰색 실로 사슬뜨기 136코를 만든 다음 빼뜨기로 원통형을 만든다.

1단. 흰색 실로 사슬뜨기 3코를 만든다. 이 사슬코 3개가 첫 번째 한길긴뜨기가 된다. 검은색 실을 코 안에 넣고 흰색 실로 한길긴뜨기 5코를 뜬다. 여섯 번째 한길긴뜨기를 뜨면서 실을 바꾼다. 검은색 실로 한길긴뜨기 2코를 뜨고 다음 코에서 실을 바꾼다. 흰색 실로 한길긴뜨기 9코를 뜨고 다음 코에서 실을 바꾼다. 검은색 실로 한길긴뜨기 2코를 뜨고 다음 코에서 실을 바꾼다. 흰색 실로 한길긴뜨기 4코를 뜨고 다음 코에서 실을 바꾼다. 검은색 실로 한길긴뜨기 3코, 흰색 실로 10코, 검은색 실로 3코, 흰색 실로 10코, 검은색 실로 3코, 흰색 실로 5코를 반복하면서 단을 완성한다. 한 단을 다 뜨고 나면 처음 뜬 사슬뜨기 세 번째 코에 빼뜨기를 한 후 단을 마무리한다.

왼쪽 도안을 따라서 계속 편물을 뜬다. 총 31단으로 완성했다. 편물을 완성하면 실을 자르고 실 끝을 안으로 넣어 정리한다. 편물 안쪽에서 실이 고리처럼 늘어지지 않도록 실을 바꿀 때마다 쉬는 실을 당겨줘야 한다.

왼쪽 도안은 패턴을 34코로 나눴다.

 검은색 실 한길긴뜨기

흰색 실 한길긴뜨기

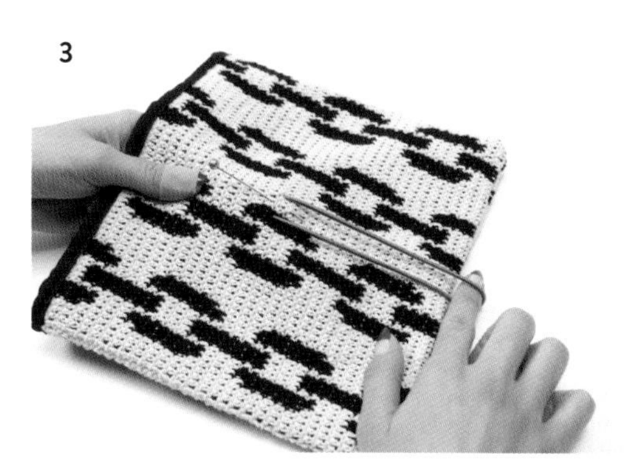

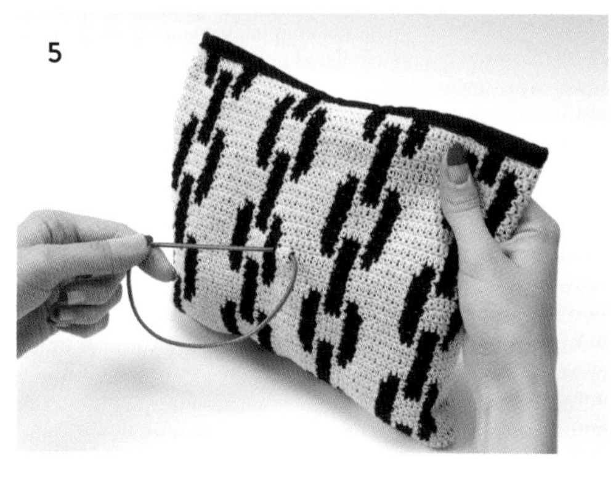

마무리하기

1 돗바늘로 편물의 바닥을 잇는다.

2 편물의 둘레에 맞춰 직물 테이프를 잘라 위쪽 가장자리에 꿰맨다.

3 뒷면 중앙에 고무줄 붙일 자리를 표시하고 고무줄을 원하는 길이만큼 자른다. 여기서는 26cm로 잘랐다.

4 고무줄 양 끝을 편물 안쪽으로 밀어 넣은 후 매듭을 만들고 끝을 잘라낸다.

5 고무줄의 길이를 조절하면 여러 번 묶을 수도 있다.

6 사슬 무늬 클러치백이 완성되었다!

타원 무늬 파우치

사이즈 30×24cm
코바늘 2.5mm (모사용 4호)
실 리나 코튼 트와인 18겹 (대체실: 코튼3, 코튼클래식)
중량 색상별로 각 100g
기타 가죽끈 (18cm)
직물 테이프 (길이 60cm, 너비 2.5cm)
자석 버튼
재봉실

내가 미칠 듯이 사랑하는 계절은 바로 여름이다. 뜨거운 여름 열기가 나의 에너지원이다. 어머니는 겨울에는 찬물에 들어가 수영을 하라고 나를 10년 동안이나 설득했다. 바로 이런 모습이다. 물가에 있는 작은 숯 사우나에서 나와 살을 에는 듯한 칼바람을 맞으며 얼음을 뚫어 만든 탕에 들어가는 것이다. 물이 너무 차가워서 다리 위로 다시 올라오는 것은 항상 내가 1등이었다. 하지만 뜨거운 사우나로 다시 들어가면, 심지어 여름의 열기를 넘어서는 에너지가 몸에 차오르는 것이 느껴진다. 그 과정을 경험으로 알고 있는 나는 그러나 가져갔던 사우나 파우치를 다시 들고는 거실의 따뜻한 품으로 돌아갔다.

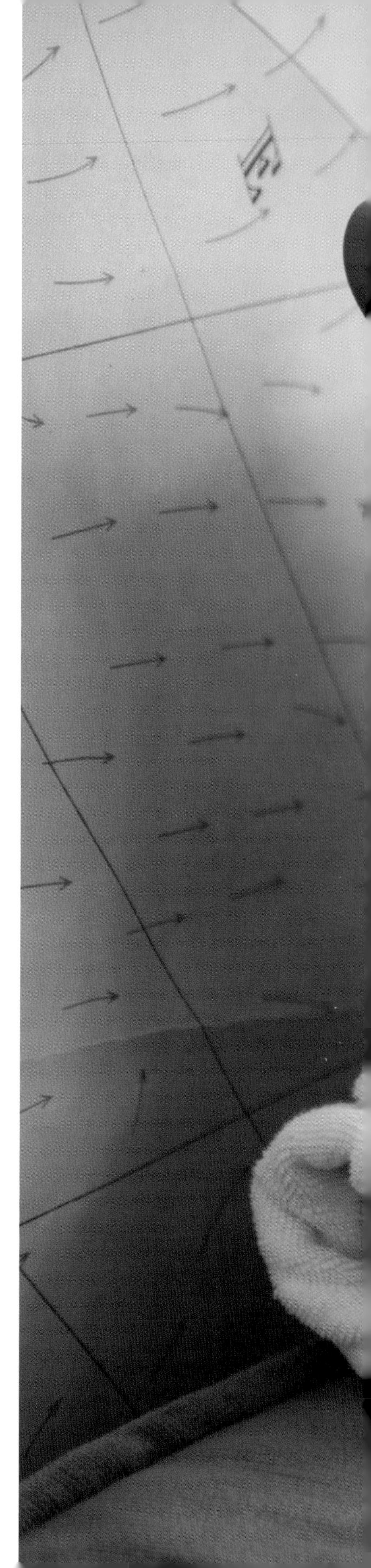

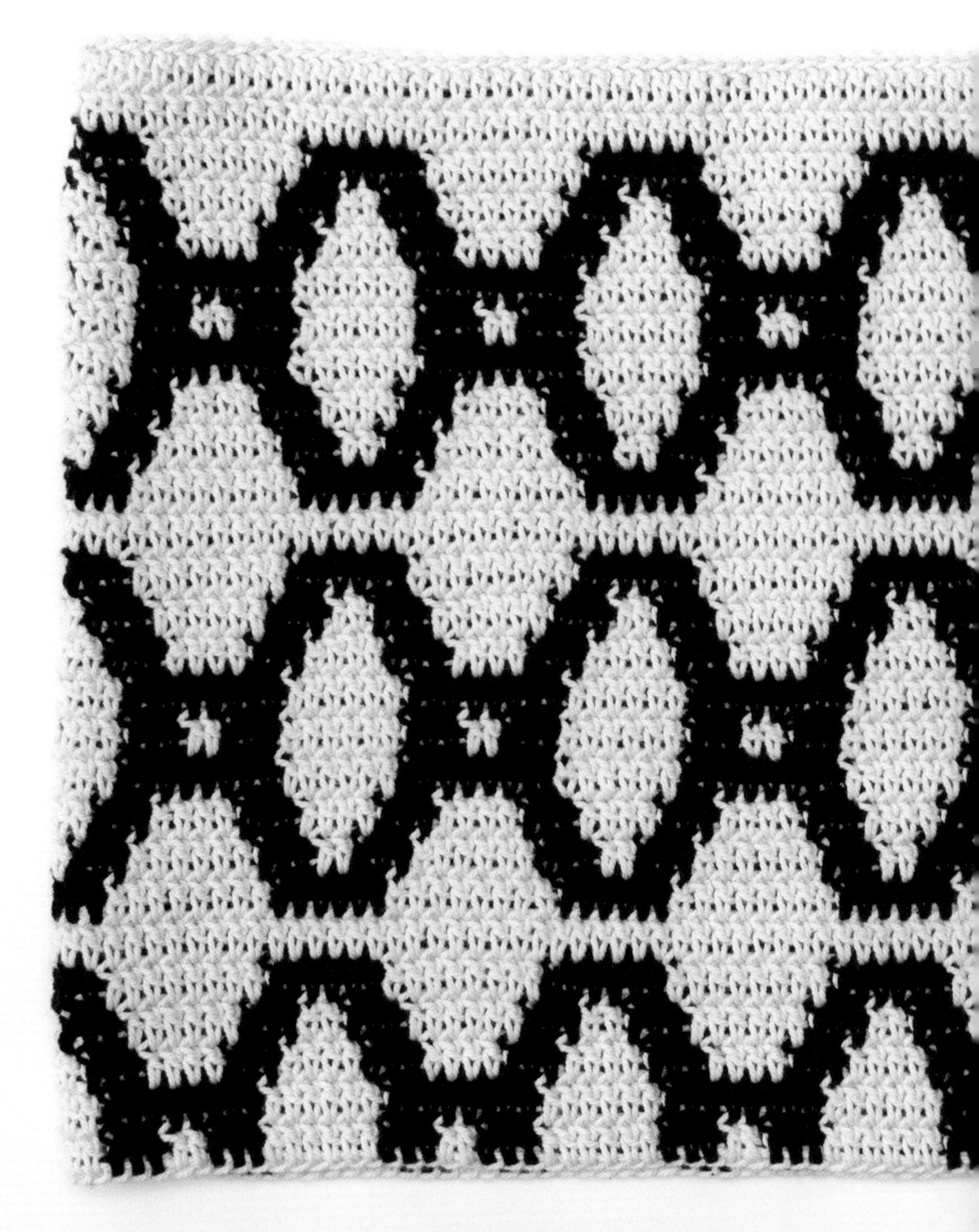

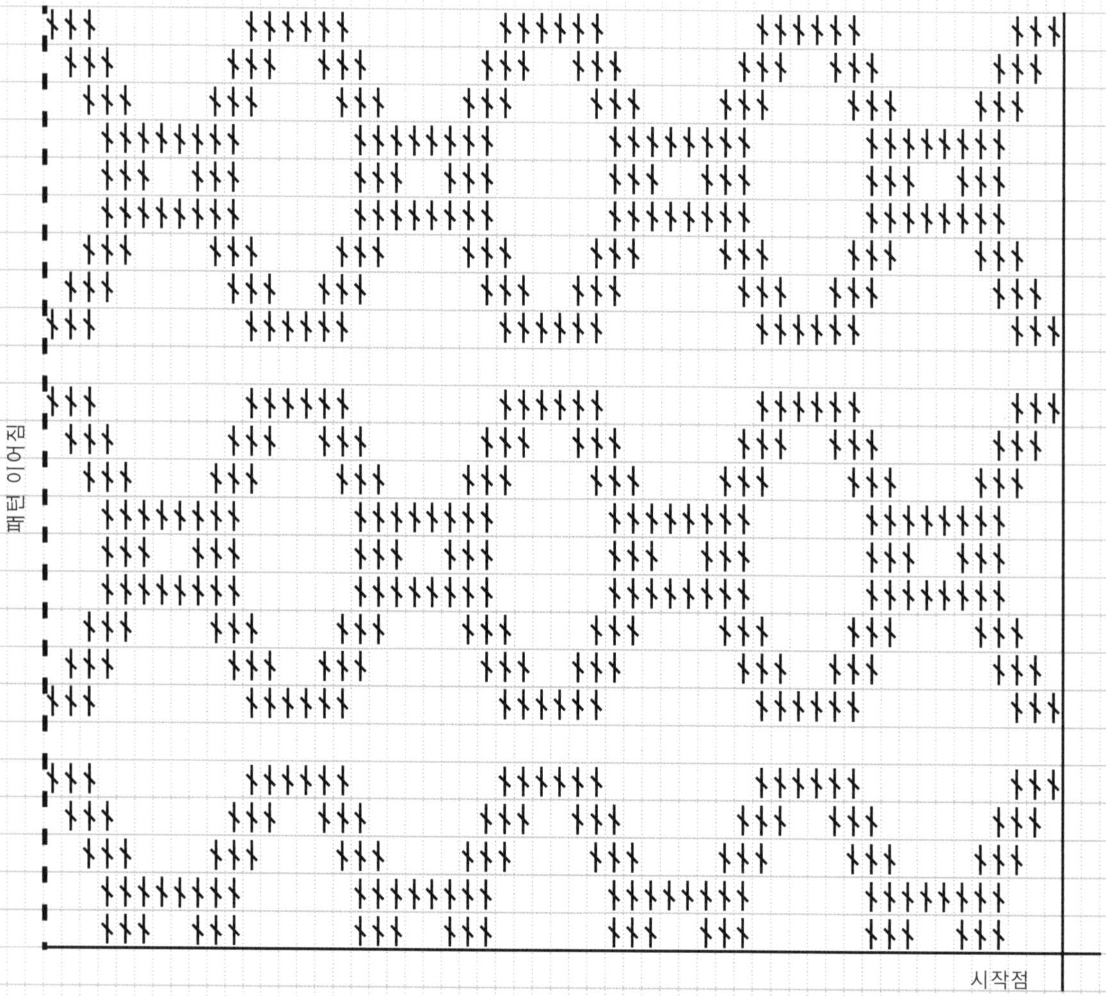

패턴 이어짐

시작점

만드는 법

타원 무늬 파우치는 블랙 앤 화이트를 모티프로 한 원통형 한길긴뜨기로 완성한다(p60 참조). 쉬는 실은 한길긴뜨기 코에 넣고 같이 뜬다.

흰색 실로 사슬뜨기 140코를 만든 다음 빼뜨기로 원통형을 만든다.

1단. 흰색 실로 사슬뜨기 3코를 만든다. 이 사슬코 3개가 첫 번째 한길긴뜨기가 된다. 검은색 실을 코 안에 넣고 흰색 실로 한길긴뜨기 1코를 뜬다. 두 번째 한길긴뜨기를 뜨면서 실을 바꾼다. 검은색 실로 한길긴뜨기 2코를 뜨고 다음 코에서 실을 바꾼다. 흰색 실로 한길긴뜨기 1코를 뜨고 다음 코에서 실을 바꾼다. 검은색 실로 한길긴뜨기 2코를 뜨고 다음 코에서 실을 바꾼다. 흰색 실로 한길긴뜨기 5코를 뜨고 다음 코에서 실을 바꾼다. 검은색 실로 한길긴뜨기 3코, 흰색 실로 2코, 검은색 실로 3코, 흰색 실로 6코를 반복하면서 단을 완성한다.

한 단을 다 뜨고 나면 처음 뜬 사슬뜨기 세 번째 코에 빼뜨기를 한 후 단을 마무리한다.

왼쪽 도안을 따라서 계속 편물을 뜬다. 총 27단으로 완성했다. 마지막 두 단은 검은색 실을 코 안에 넣고 흰색 실로만 뜬다. 편물을 완성하면 실을 자르고 안으로 넣어 정리한다. 편물 안쪽에서 실이 고리처럼 늘어지지 않도록 실을 바꿀 때마다 쉬는 실을 당겨줘야 한다.

왼쪽 도안은 패턴을 14코로 나눴다.

 검은색 실 한길긴뜨기

흰색 실 한길긴뜨기

마무리하기

1 돗바늘로 편물의 바닥을 잇는다.

2 편물 입구의 둘레를 재고 같은 길이로 직물 테이프를 자른다. 입구 안쪽에 직물 테이프를 고정시키고 위, 아래쪽 가장자리를 홈질로 꿰맨다.

3 편물 입구 직물 테이프 가운데에 자석 버튼을 단다.

4 주머니 입구 한쪽 측면에 손잡이 달 곳을 표시한다.

5 손잡이를 꿰매어 단다.

사각 파우치

사이즈 22×19cm
코바늘 2mm (모사용 2호)
실 카타니아 (대체실: 코튼2, 코튼필)
중량 2.5타래 (약 120g)
기타 지퍼 (17cm)
직물 테이프 (길이 10cm, 너비 2.5cm)
재봉실

지퍼를 단 사각 파우치는 가방 바닥에서 이리저리 굴러다니는 잡동사니를 넣고 다니기에 좋다! 면사로 뜬 이 사각 파우치에 질 좋은 지퍼를 달면 몇 년이고 갖고 다니게 될 것이다. 파우치는 똑같이 두 면을 만들고, 바닥의 모서리는 모아뜨기를 해 비스듬하다. 예술의 법칙에는 어긋나지만 두 면을 이어 붙일 때는 재봉틀을 사용한다. 하지만 물론 각자 자신만의 방법으로 완성할 수도 있다!

MON TUE WED THU FRI SAT SUN
1 2 3 4 5 6
7 8 9 10 11 12 13
14 15 16 17 18 19 20
21 22 23 24 25 26 27
28 29 30

cm

만드는 법

사각 파우치는 두 면을 짧은뜨기로 따로 만들어 재봉틀로 이어 붙였다. 입구에는 지퍼를 달았다.

사슬뜨기 57코를 만든 다음 두 번째 사슬코부터 짧은뜨기 1코씩을 떠서 1단을 완성한다. 첫 번째 사슬코는 짧은뜨기 1코가 된다. 총 56코가 만들어졌다.

2단. 사슬뜨기 1코. 이 사슬뜨기 1코가 짧은뜨기 1코가 된다. 단을 시작할 때는 항상 아랫단의 마지막 짧은뜨기는 거른다. 코마다 짧은뜨기 1코씩을 뜬다. 단이 끝날 때 아랫단의 사슬뜨기에 마지막 짧은뜨기를 해야 가장자리가 반듯해진다.
단마다 콧수가 일정하도록 주의한다(주의하지 않으면 콧수가 늘거나 줄게 된다). 여기서 편물의 폭은 22cm이다.

짧은뜨기로 47단을 완성했다. 그중 13단은 모아뜨기를 한다(p32 참조). 단을 시작할 때와 끝낼 때 2코 모아뜨기를 한다. 다음 단을 시작할 때 사슬뜨기 1코를 떠서 첫 번째 짧은뜨기 1코는 거르고 계속 짧은뜨기를 뜬다. 마지막 모아뜨기를 한 후 실을 자르고 실 끝을 안으로 넣어 정리한다. 다른 한 면도 같은 방법으로 완성한다.

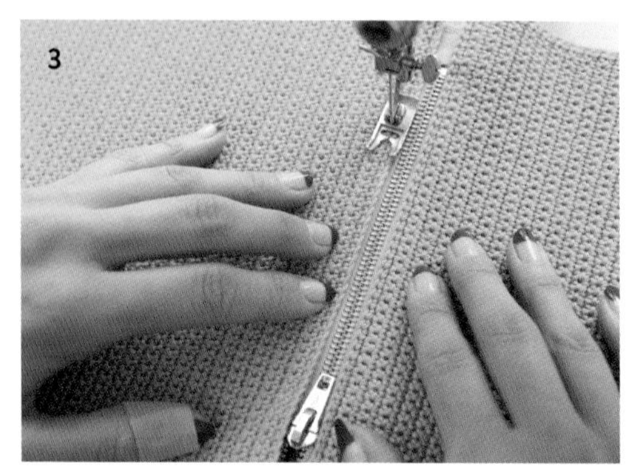

마무리하기

1 직물 테이프 두 개를 지퍼 폭보다 조금 더 길게 자른다. 반으로 접어 지퍼 양쪽 끝에 꿰맨다. 직물 테이프를 포함해 지퍼의 길이가 20cm가 됐다.

2 끝에 1cm 여유를 남겨두고 편물 한 면의 위쪽 가장자리에 지퍼를 꿰맨다.

3 다른 한 면의 위쪽 가장자리에도 지퍼를 꿰맨다. 단과 단 사이에 박음질하면 재봉선이 보이지 않는다.

4 지퍼를 열어둔 채 두 면의 겉면을 마주 보게 겹친 후 가장자리에서 1cm 되는 곳을 꿰맨다.

5 바닥의 비스듬한 면은 모서리가 어긋나지 않도록 두 면을 잘 맞추도록 한다.

목걸이 주머니

사이즈	13×11cm
코바늘	3.5mm (모사용 6호)
실	카타니아 그란데 면사 (대체실: 코튼4)
중량	색상별로 각 반 타래
기타	똑딱단추 금속 체인 금속 연결고리 재봉실

목걸이 주머니는 립밤을 항상 가지고 다니는 사람에게는 필수품이다. 립밤은 집에 두고 온 가방이나 어제 입었던 치마 주머니에 있거나 혹은 아침에 타고 온 버스 의자 사이에 빠져 잃어버리고는 한다. 굵은 실로 짠 목걸이 주머니는 여러모로 쓰임이 많은 작품이다!

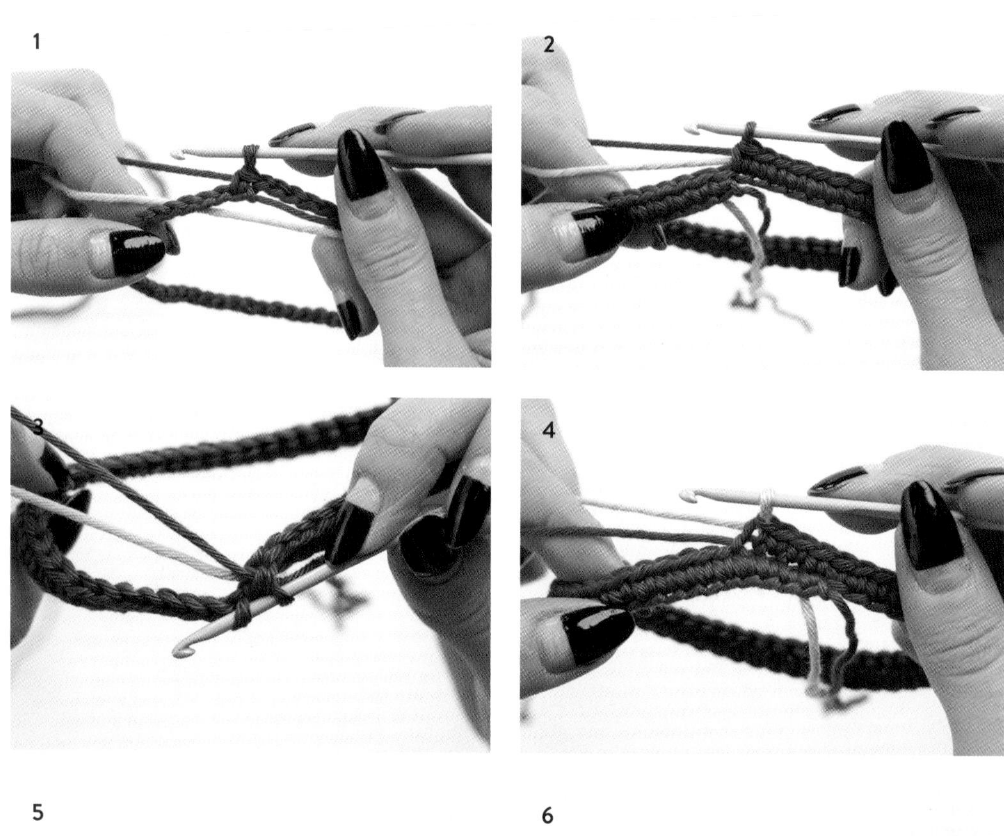
1
2
3
4

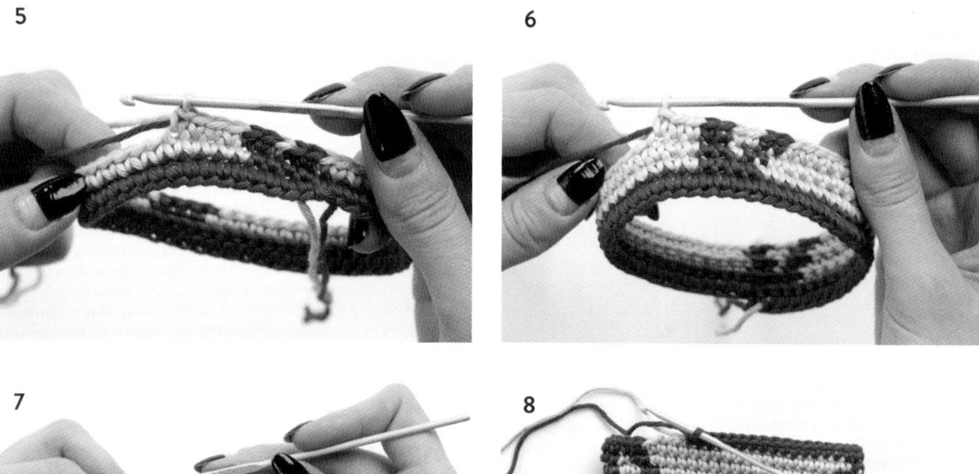
5
6

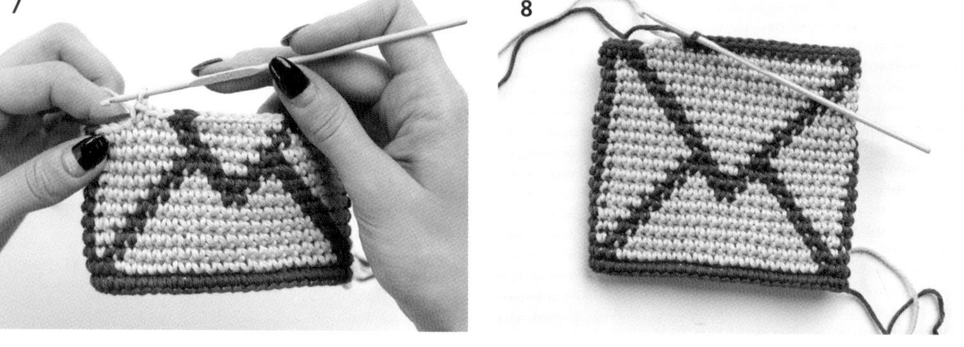
7
8

1 보라색 실로 사슬뜨기 52코를 만든 다음 짧은뜨기로 원통형을 만든다.

2 회색 실을 코 안에 넣고 보라색 실로 짧은뜨기를 떠서 1단을 완성한다.

3 이번 작품에선 코의 앞쪽 사슬만 주워 짧은뜨기를 한다(앞이랑짧은뜨기). 원통형으로 뜨면 단이 바뀔 때 경계가 보이지 않는다.

4 **2단.** 단이 바뀌는 부분부터 시작한다. 보라색 실로 짧은뜨기 2코를 뜬 후, 세 번째 코에서 실을 바꾼다.

5 회색 실로 짧은뜨기 19코를 뜨고 다음 코에서 실을 바꾼다. 보라색 실로 짧은뜨기 3코를 뜨고 네 번째 코에서 실을 바꾼다. 회색 실로 짧은뜨기 32코를 뜨고 다음 코에서 실을 바꾼다.

6 이랑뜨기를 하면 코가 수직으로 가지런해서 편물에 균일한 느낌을 준다.

7 아래 도안을 따라서 계속 편물을 뜬다. 앞면에만 편지봉투 무늬로 뜨고 뒷면은 회색 실로 뜬다.

8 마지막 단은 보라색 실로만 뜬다. 마지막 단은 빼뜨기로 마무리하고 편물을 완성하면 실을 자르고 안으로 넣어 정리한다.

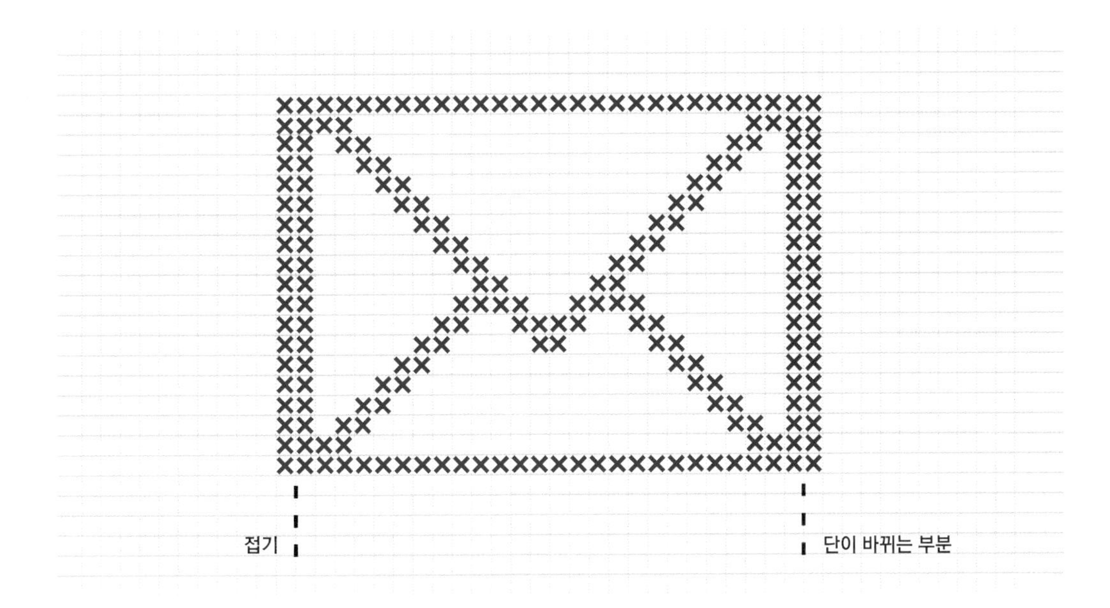

1

2

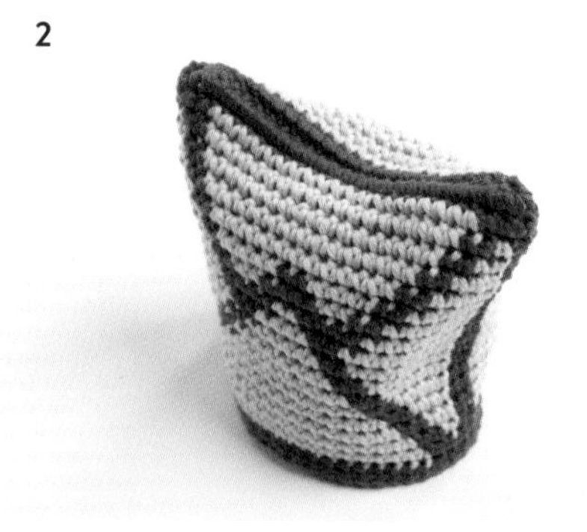

3

4

마무리하기

1 돗바늘로 편물의 바닥을 잇는다.

2 굵은 실로 짠 목걸이 주머니는 형태가 반듯하다.

3 편물 입구의 가운데에 똑딱단추를 단다.

4 얇은 금속 연결고리를 주머니의 모서리에 밀어 넣는다.

5 사진처럼 다양한 실을 이용하여 주머니를 만들 수 있다. 블랙 앤 화이트 모티프의 주머니는 리나 코튼 트와인(18겹)으로 떠서 카타니아 실로 뜬 주머니보다 더 작다. 주머니들 모두 같은 방법으로 완성했다.

5

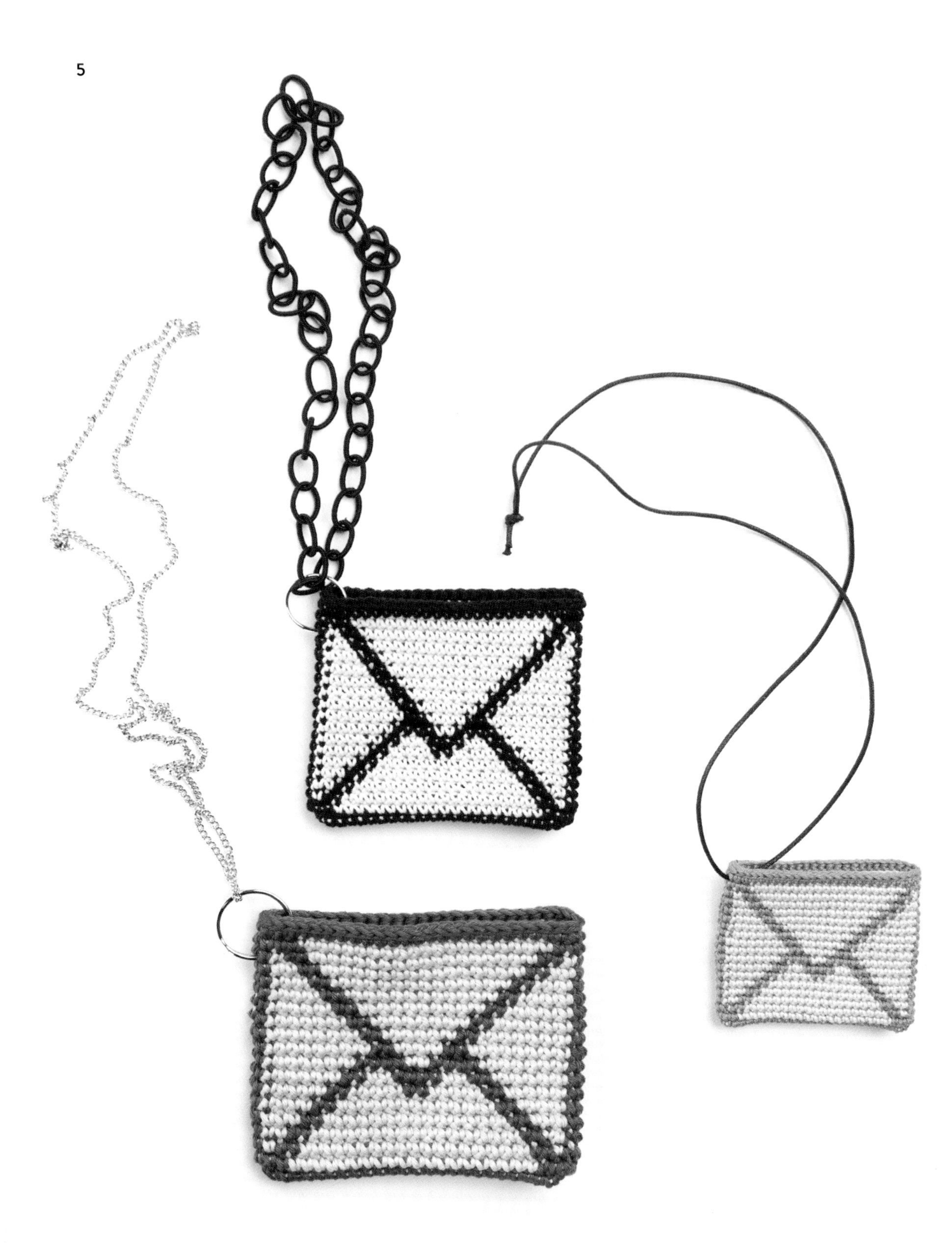

옵티컬 패턴

착시 효과와 기본 기법

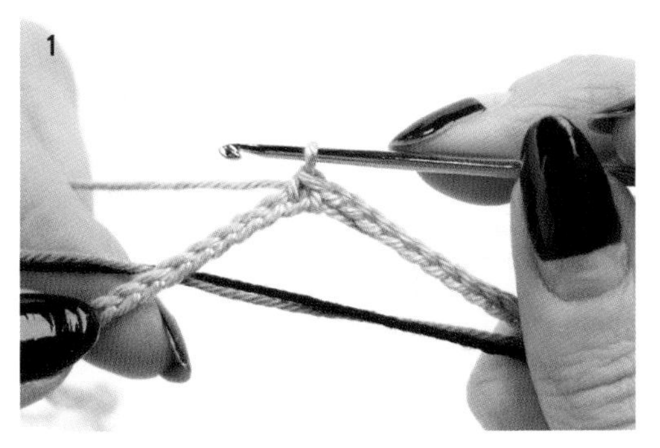

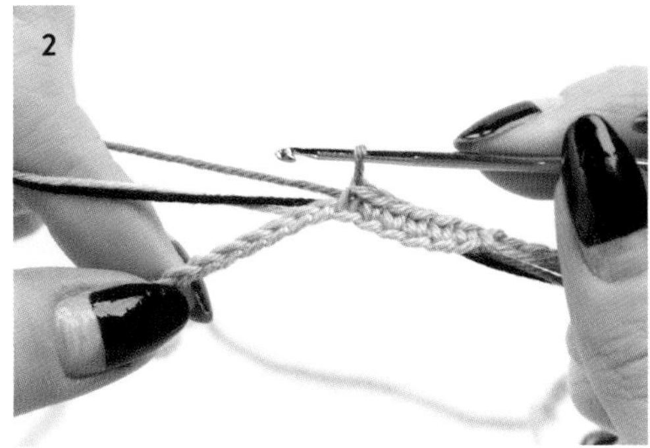

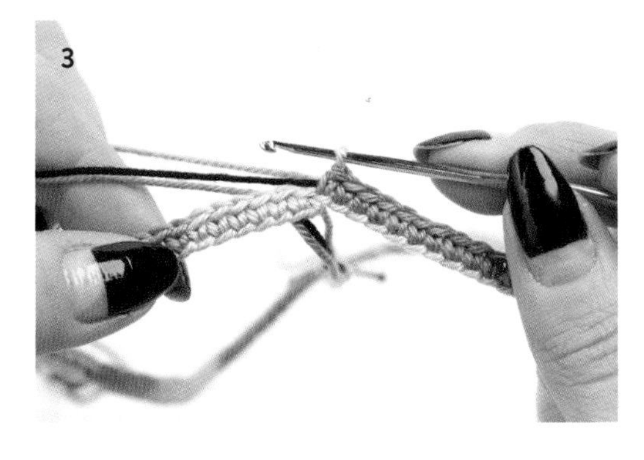

옵티컬(기하학적인) 패턴은 짧은뜨기로 완성하는데 기존 짧은뜨기에 변화를 주기 때문에 편물의 짜임이 달라진다. 앞이랑뜨기, 즉 코머리 두 가닥이 아닌 앞코에만 바늘을 넣어 짧은뜨기를 하는 것이다. 쉬는 실은 짧은뜨기 코 안에 넣고 같이 뜬다. 이렇게 뜨면 편물의 조직이 매우 견고해지지만 세로 방향으로 탄력은 없어진다. 책에서 소개하는 타일무늬 클러치백(p246 참조)이 옵티컬 패턴의 좋은 예이다. 그 도안은 34코로 나눴고, 3가지 다른 색 실을 사용해서 입체적인 느낌을 주었다. 여기서는 진한 색감과 밝은 색감 그리고 중간 색감의 실을 사용했다.

1 베이지색 실로 사슬뜨기 136코를 만든 다음 짧은뜨기로 원통형을 만든다. 이때 녹색 실과 검은색 실을 코 안에 넣고 같이 뜬다.

2 **1단.** 코마다 짧은뜨기 1코씩. 원통형으로 이은 마지막 짧은뜨기가 다음 단의 첫 번째 짧은뜨기가 된다. 짧은뜨기 4코를 뜬 후, 다섯 번째 코에서 실을 바꾼다. 이때 코에 바늘을 넣고 베이지색 실을 한 번 건 다음 실을 빼낸다. 다시 녹색 실을 바늘에 한 번 건 다음 바늘에 걸린 고리 안으로 실을 빼낸다.

3 녹색 실로 짧은뜨기 5코, 여섯 번째 코에서 베이지색 실로 바꾼다. 베이지색 실로 짧은뜨기 10코, 다음 코에서 녹색 실로 바꾼다. 녹색 실로 짧은뜨기 10코, 다음 코에서 베이지색 실로 바꾼다. 베이지색 실로 짧은뜨기 6코, 녹색 실로 6코, 베이지색 실로 11코, 녹색 실로 11코를 반복해서 단을 완성한다. 편물 겉면에서 단이 바뀌는 부분이 약간 어긋나게 된다. 뒤에 소개할 작품들의 도안에 이런 부분을 반영했다.

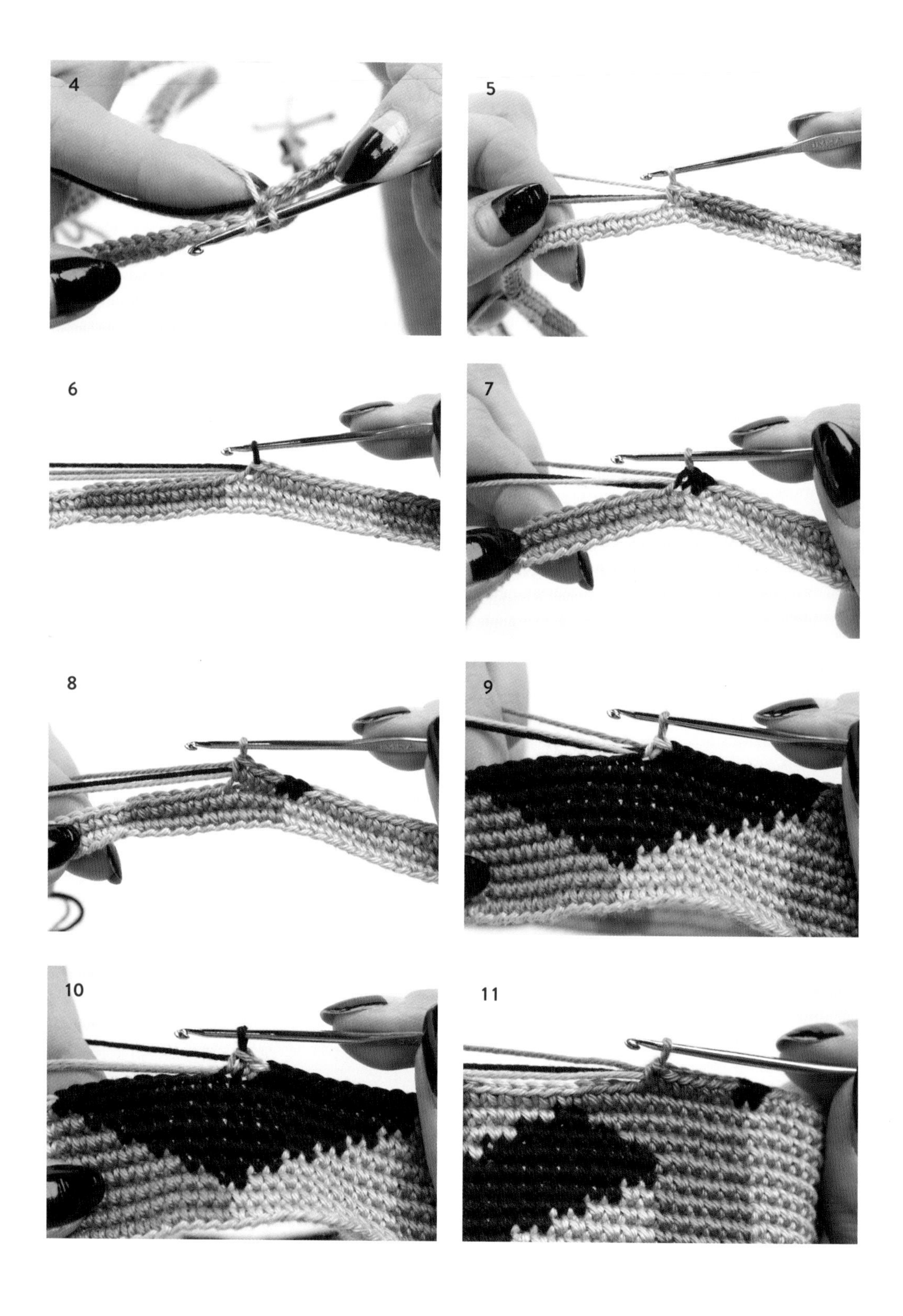
4
5
6
7
8
9
10
11

4 2단부터 옵티컬 패턴을 뜨는 기법을 이용한다. 코머리의 앞쪽 사슬에만 바늘을 넣고 실을 한 번 건다. 이 기법을 사용하면 코가 층층이 가지런해지면서 패턴의 수직선이 생겨난다.

5 **2단.** 1단처럼 완성한다. 베이지색 실로 짧은뜨기 6코, 녹색 실로 6코, 베이지색 실로 11코, 녹색 실로 11코를 반복해서 단을 완성한다.

6 **3단.** 세 번째 실을 추가한다. 단이 바뀔 때 베이지색 실로 짧은뜨기 6코, 녹색 실로 6코, 베이지색 실로 9코를 뜨고 다음 코에서 검은색 실로 바꾼다.

7 검은색 실로 짧은뜨기 1코를 뜨고 다음 코에서 녹색 실로 바꾼다.

8 녹색 실로 계속 뜬다. 쉬는 실이 코 안에 있기 때문에 편물 안쪽에서는 보일 수 있다. 편물 안쪽에서 실이 고리처럼 늘어지지 않도록 실을 바꿀 때마다 쉬는 실을 당겨 줘야 한다.

9 **9단.** 검은색 패턴의 가운데에서 새로운 패턴이 시작된다. 이 책의 옵티컬 패턴은 코를 뜨는 중간에 실을 여러 번 바꿔야 한다는 것에 주의한다.

10 실을 바꾼 다음 검은색 실로 계속 편물을 뜬다.

11 도안을 따라 옵티컬 패턴을 완성한다(도안은 각 작품별로 수록함).

편물의 일정한 수직선이 옵티컬 패턴의 착시 효과를 내는데 이를 활용해 다른 패턴도 만들 수 있다. 이 편물에서 다른 실로 뜬 여러 가지 옵티컬 패턴을 발견할 것이다. 착시 효과를 내기 위해서는 색상을 잘 선택해야 한다. 입체적 효과를 주는 것이 바로 실의 색상이기 때문이다. 그래서 밝은색, 진한 색, 그 중간색의 실을 선택해야 한다.

큐브 무늬 클러치백

사이즈 27×23cm
코바늘 2mm (모사용 2호)
실 카타니아 면사 (대체실: 코튼2, 코튼빌)
중량 색상별로 각 1타래
기타 가죽끈 (25cm)
안감용 면 (30×26cm)
직물 테이프 (길이 60cm, 너비 2cm)
똑딱단추 3개
재봉실

첫 번째 옵티컬 패턴은 '큐브'다. 큐브 무늬는 프린트된 직물이나 포스터 등 폭넓게 쓰인다. 2012년 독일 라이프치히에 살 때 이 패턴이 떠올랐다. 라이프치히의 작은 가게에서 한 미국인 디자이너의 빨강, 녹색, 회색 패턴이 있는 종이상자를 발견했는데, 나는 감탄하며 반드시 코바늘 손뜨개로 이 패턴을 떠야겠다고 생각했다!
아마도 다이아몬드 무늬를 뜨면서 큐브 무늬를 이미 본 적이 있을 것이다. 완성하려면 많은 시간과 노력이 필요하지만 완성된 작품을 보면 만족할 것이다!

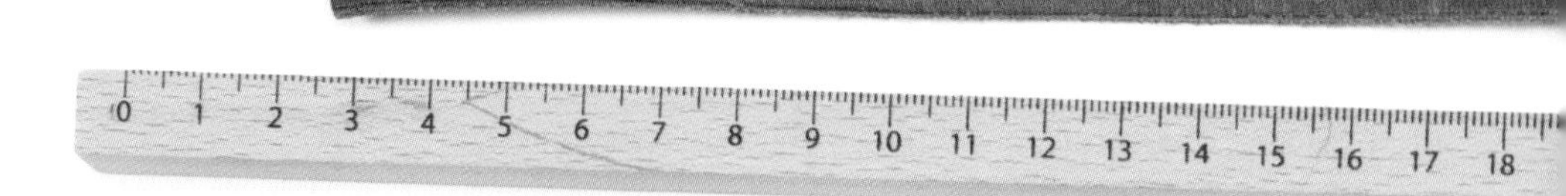

22 23 24 25 26 27 28 29 30
14
15
16
17
18
19
141
142
143
145
146
147
148
149

단이 바뀌는 부분

만드는 법

베이지색 실로 사슬뜨기 160코를 만든 다음 짧은뜨기로 원통형을 만든다.

쉬는 실을 코 안에 넣고 베이지색 실로 짧은뜨기 6코를 뜬다. 다음 코에서 진한 녹색 실로 바꾼다(p50 참조). 진한 녹색 실로 짧은뜨기 7코를 뜬 후 다음 코에서 베이지색 실로 바꾼다. 쉬는 실은 항상 코 안에 넣어 함께 뜬다. 1단은 베이지색 실로 짧은뜨기 8코, 진한 녹색 실로 8코를 반복해서 단을 완성한다. 단은 진한 녹색으로 끝나게 된다.

2-5단. 원통형으로 편물을 계속 뜬다. 1단과 같은 방법으로 베이지색 실과 진한 녹색 실을 바꿔가며 5단까지 완성한다. 옵티컬 패턴에 입체 효과를 주는 앞이랑뜨기는 2단부터 시작한다. 코머리의 앞쪽 사슬에만 바늘을 넣어 뜨는 것이다. 쉬는 실은 항상 코 안에 넣고 함께 뜬다.

6단. 베이지색 실로 짧은뜨기 6코를 뜨고 다음 코에서 연한 녹색 실로 바꾼다. 연한 녹색 실로 짧은뜨기 1코를 뜨고 다음 코에서 진한 녹색 실로 바꾼다. 진한 녹색 실로 짧은뜨기 6코, 다음 코에서 베이지색 실로 바꾼다. 베이지색 실로 짧은뜨기 7코, 연한 녹색 실로 2코, 진한 녹색 실로 7코를 반복하며 단을 완성한다.

7단. 베이지색 실로 짧은뜨기 4코, 다음 코에서 연한 녹색 실로 바꾼다. 연한 녹색 실로 짧은뜨기 5코, 다음 코에서 진한 녹색 실로 바꾼다. 진한 녹색 실로 짧은뜨기 4코, 다음 코에서 베이지색 실로 바꾼다. 베이지색 실로 짧은뜨기 5코, 연한 녹색 실로 6코, 진한 녹색 실로 5코를 반복하며 단을 완성한다.

왼쪽 도안을 따라서 계속 편물을 뜬다. 항상 앞이랑뜨기, 코의 앞쪽 사슬에만 바늘을 넣어 짧은뜨기하는 것을 잊지 말자.

단이 바뀔 때 편물 겉면이 약간 어긋나게 된다(도안 참조). 총 59단으로 완성했다. 편물을 완성하면 실을 자르고 실 끝을 안으로 넣어 정리한다.

왼쪽 도안은 패턴을 16코로 나눴다.

✕ 베이지색 실 짧은뜨기
✕ 짙은 녹색 실 짧은뜨기
✕ 연한 녹색 실 짧은뜨기

1

2
456

3

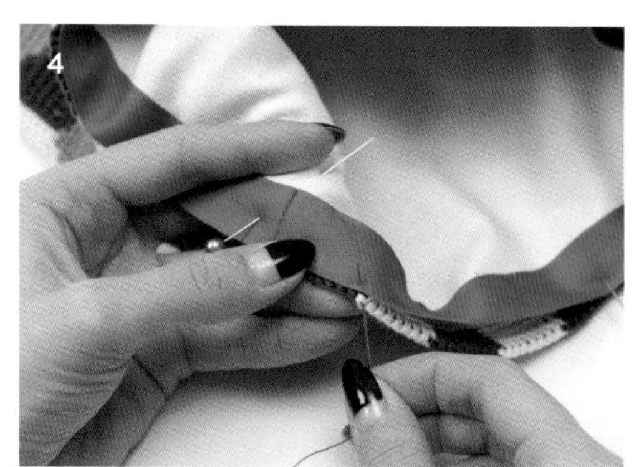
4

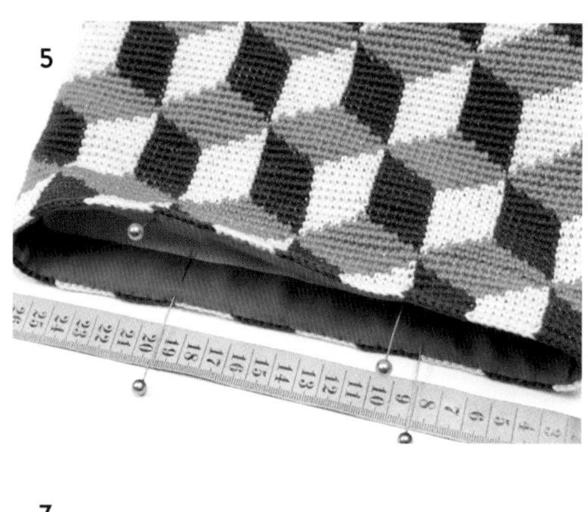
5

6

7

8

9

마무리하기

1 너비 1cm, 길이 1.5cm의 시접 여유분을 더해서 편물에 맞춰 안감을 자른다. 안감의 위쪽 가장자리에 직물 테이프를 꿰맨다.

2 주머니 형태로 안감을 꿰맨다.

3 돗바늘로 편물의 바닥을 잇는다.

4 편물의 입구 가장자리에 안감을 대고 꿰맨다.

5 입구에 똑딱단추 달 곳을 표시한다. 양쪽에서 8cm 되는 곳에 단추를 각각 달았다.

6 큐브 무늬에 맞춰 가방의 윗부분을 접고 세 번째 똑딱단추 달 곳을 표시한다. 위쪽 가장자리로부터 10cm 되는 곳에 달았다.

7 꿰맬 수 있도록 가죽끈 끝부분에 구멍을 뚫는다.

8 가장자리 한쪽에 가죽끈을 달 곳을 정하고 재봉실로 꿰맨다.

9 큐브 무늬 클러치백이 완성되었다!

큐브 무늬 백팩

사이즈 35×45×9cm
코바늘 3.5mm (모사용 6호)
실 카타니아 그란데 면사 (대체실: 클라우드, 알비조)
중량 색상별로 각 3타래
기타 굵은 면 끈(1.6m)
안감용 면(40×50cm)
지퍼(30cm)
연결고리 3개(지름 3cm)
재봉실

지난가을, 그동안 사용해 온 가방을 대체할 새로운 백팩이 필요했다. 가방 무게 때문에 왼쪽 어깨가 20도 정도 내려앉아서 자세가 나빠지고 있었기 때문이다. 유행에 뒤처지지 않으면서도 도시적인 가벼운 백팩이 필요했다. 또 언제든지 멜 수 있고 어떤 옷에든 어울려야 했다. 특히 합성섬유로 만든 아웃도어 백팩 같아서는 안 된다는 조건이었다. 그러나 이런 조건들에 들어맞는 가방은 없었다. 결국 가장 간단한 방법은 나만의 가방을 내가 직접 만드는 것. 내가 디자인한 가방을 직접 만들어 매우 만족스럽다!

0
1
2
3
4
5
6
7
8
9
10
11
12
13
14
15
16
17
18
19
20
21
22
23
24

단이 바뀌는 부분

만드는 법

오렌지색 실로 사슬뜨기 128코를 만든 다음 짧은뜨기로 원통형을 만든다. 오렌지색 실타래를 하나 더 가져와 코 안에 넣고 뜬다. 그러면 위쪽 옵티컬 패턴 부분과 두께가 일정하게 유지된다. 코마다 짧은뜨기 1코씩을 떠서 1단을 완성한다.

2-17단. 옵티컬 패턴의 입체 효과를 주기 위해 2단부터는 앞이랑뜨기를 한다. 코머리의 앞쪽 사슬만 주워 짧은뜨기를 하는 것이다. 쉬는 실은 항상 코 안에 있어야 한다. 오렌지색 실로 17단까지 뜨고 다음 단으로 넘어갈 때 회색 실로 바꾼다. 이 지점까지 오렌지색 실을 여유 있게 코 안에 남겨두고 검은색 실과 녹색 실로 바꾼다.

18단. 회색 실로 짧은뜨기 7코를 뜨고 다음 코에서 검은색 실로 바꾼다(p50 참조). 검은색 실로 짧은뜨기 7코를 뜨고 다음 코에서 회색 실로 바꾼다. 쉬는 실은 항상 코 안에 넣는다. 회색 실로 짧은뜨기 8코, 검은색 실로 8코를 반복해서 단을 완성한다. 단은 검은색 실로 끝나게 된다.

19-22단. 아랫단처럼 회색 실과 검은색 실을 번갈아 완성한다.

23단. 회색 실로 짧은뜨기 6코를 뜨고 다음 코에서 녹색 실로 바꾼다. 녹색 실로 짧은뜨기 1코를 뜨고 다음 코에서 검은색 실로 바꾼다. 검은색 실로 짧은뜨기 6코를 뜨고 다음 코에서 회색 실로 바꾼다. 회색 실로 짧은뜨기 7코, 녹색 실로 2코, 검은색 실로 7코를 반복하며 단을 완성한다.

24단. 회색 실로 짧은뜨기 4코를 뜨고 다음 코에서 녹색 실로 바꾼다. 녹색 실로 짧은뜨기 5코를 뜨고 다음 코에서 검은색 실로 바꾼다. 검은색 실로 짧은뜨기 4코를 뜨고 다음 코에서 회색 실로 바꾼다. 회색 실로 짧은뜨기 5코, 녹색 실로 6코, 검은색 실로 5코를 반복하며 단을 완성한다.

왼쪽 도안을 따라서 계속 편물을 뜬다. 항상 코의 앞쪽 사슬에만 바늘을 넣어 짧은뜨기하는 것을 잊지 말자.

단이 바뀔 때 편물 겉면이 약간 어긋나게 된다(도안 참조). 총 71단이며 무늬가 들어간 단은 54단이다. 편물을 완성하면 실을 자르고 안으로 넣어 정리한다.

왼쪽 도안은 패턴을 16코로 나눴다.

- ✕ 회색 실 짧은뜨기
- ✕ 검은색 실 짧은뜨기
- ✕ 녹색 실 짧은뜨기
- ✕ 오렌지색 실 짧은뜨기

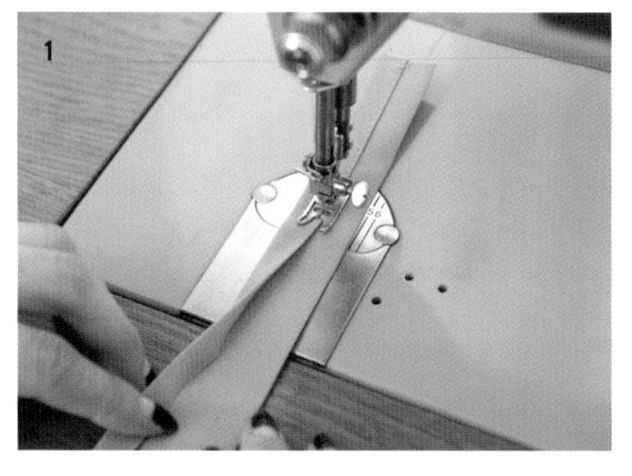
1

2

3

4

5

6

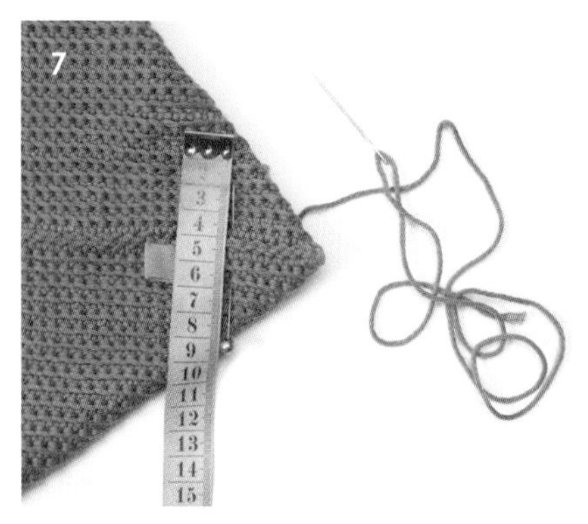
7
3
4
5
6
7
8
9
10
11
12
13
14
15

8

마무리하기

1 회색 안감을 10cm 너비로 자른다. 안감을 접고 다림질을 해서 2.5cm 너비의 직물 테이프로 만들어 가운데 부분을 길게 꿰맨다. 이와 같은 방식으로 20cm 직물 테이프 2개와 10cm 직물 테이프 1개를 만든다.

2 너비 3cm, 길이 1cm의 시접 여유분을 포함해 편물에 맞춰 안감을 자른다. 안감에 붙일 주머니를 만들 천도 잘라놓는다. 안감에 주머니를 달고 안감 가장자리도 바느질한다.

3 편물 아래쪽에 어깨끈을 부착할 부분을 정하고 그 위에 표시를 한다. 연결고리에 직물 테이프를 끼우고 편물 위에 올려놓는다. 편물 아래쪽 끝에서 5cm 되는 곳에 재봉실로 꿰맨다.

4 연결고리가 바닥 쪽으로 이동하지 않도록 직물 테이프 중간을 박음질해 고리를 고정한다. 이 연결고리들은 내구성이 좋아야 하므로 튼튼한 재봉실을 사용한다.

5 편물 입구에 지퍼를 단다. 이때 짧은 직물 테이프를 연결고리에 끼워 편물과 지퍼 사이에 끼운 채 함께 꿰맨다.

6 편물을 뒤집어 안쪽에서 바닥을 이어준다.

7 바닥 모서리에서 재봉선과 직각으로 10cm 되는 곳을 촘촘하게 꿰맨다. 그러면 바닥면이 넓어진다.

8 이제 바닥 부분이 완성되었다.

9 안감 모서리도 재봉선과 직각으로 10cm 되는 곳을 꿰맨다.

10

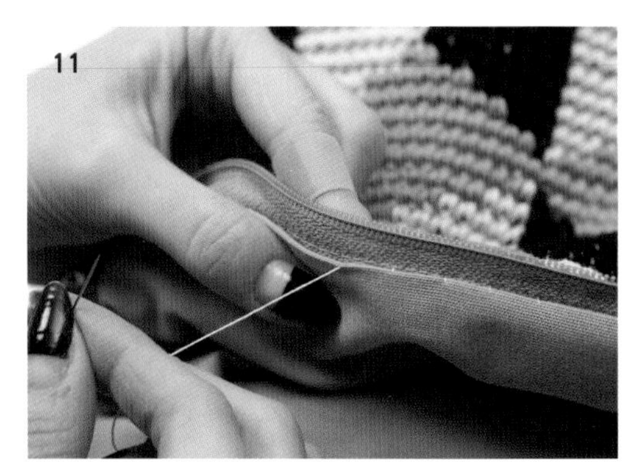

11

12

13

10 완성한 안감을 편물 안에 넣고 시침핀으로 고정한다.

11 지퍼의 띠 위에 안감을 놓고 튼튼한 재봉실로 직접 꿰맨다.

12 안감이 완성되었다.

13 면으로 된 어깨끈을 위쪽 연결고리 안으로 통과시킨 후 아래쪽 두 개의 연결고리에 각각 튼튼하게 매듭을 만든다. 길이는 체형에 맞게 조절한다.

타일 무늬 클러치백

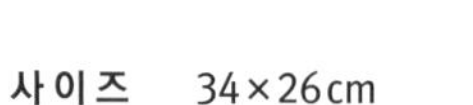

사이즈	34×26cm
코바늘	2mm (모사용 2호)
실	카타니아 면사 (대체실: 코튼2, 코튼필)
중량	색상별로 각 1.5타래
기타	가죽끈 (35cm) 안감용 면 (38×30cm) 지퍼 (30cm) 리벳 2개 재봉실

뉴욕에 있는 존에프케네디 국제공항 제5여객터미널. 핀란드 건축가 엘리엘 사리넨(Eliel Saarinen)이 탄생시킨 공항의 바닥 무늬를 봤다면 그 입체적인 패턴이 잔상에 남아있을 것이다. 이 클러치의 패턴도 거기서 영감을 얻었다. 넓은 면적에 이 패턴을 사용하면 장엄한 분위기가 난다. 그래서 클러치를 조금 크게 만들었다. 가는 실로 떠서 가볍고 팔에 끼우기에도 부담이 없다.

25 26 27 28 29 30

단이 바뀌는 부분

만드는 법

회색 실로 사슬뜨기 204코를 만든 다음 짧은뜨기로 원통형을 만든다. 쉬는 실을 코 안에 넣고 회색 실로 짧은뜨기 4코를 뜬다. 다음 코에서 갈색 실로 바꾼다(p50 참조). 갈색 실로 짧은뜨기 5코를 뜨고 다음 코에서 회색 실로 바꾼다.

회색 실로 짧은뜨기 10코를 뜨고 다음 코에서 갈색 실로 바꾼다. 갈색 실로 짧은뜨기 10코를 뜨고 다음 코에서 회색 실로 바꾼다.

쉬는 실은 항상 짧은뜨기 코 안에 넣고 함께 뜬다. 회색 실로 짧은뜨기 6코, 갈색 실로 6코, 회색 실로 11코, 갈색 실로 11코를 반복하며 단을 완성한다. 단은 갈색 실로 끝나게 된다.

2단. 회색 실과 갈색 실을 번갈아 1단처럼 완성한다. 2단부터 옵티컬 패턴의 입체 효과를 주는 앞이랑뜨기를 시작한다. 코머리의 앞쪽 사슬에만 바늘을 넣어 뜨는 것이다. 쉬는 실은 항상 코 안에 넣고 함께 뜬다.

3단. 회색 실로 짧은뜨기 5코를 뜨고 다음 코에서 갈색 실로 바꾼다. 갈색 실로 짧은뜨기 5코를 뜨고 다음 코에서 회색 실로 바꾼다. 회색 실로 짧은뜨기 9코를 뜨고 다음 코에서 검은색 실로 바꾼다. 검은색 실로 짧은뜨기 1코를 뜨고 다음 코에서 갈색 실로 바꾼다. 갈색 실로 짧은뜨기 9코를 뜨고 다음 코에서 회색 실로 바꾼다. 회색 실로 짧은뜨기 6코, 갈색 실로 6코, 회색 실로 10코, 검은색 실로 2코, 갈색 실로 10코를 반복하며 단을 완성한다.

왼쪽 도안을 따라서 계속 편물을 뜬다. 항상 코머리의 앞쪽 사슬에만 바늘을 넣어 짧은뜨기하는 것을 잊지 말자.

총 64단으로 완성했다. 단이 바뀌는 부분이 약간 어긋나게 된다. 편물을 완성하면 실을 자르고 안으로 넣어 정리한다.

왼쪽 도안은 패턴을 34코로 나눴다.

✕ 회색 실 짧은뜨기
✕ 검은색 실 짧은뜨기
✕ 갈색 실 짧은뜨기

1

2

3

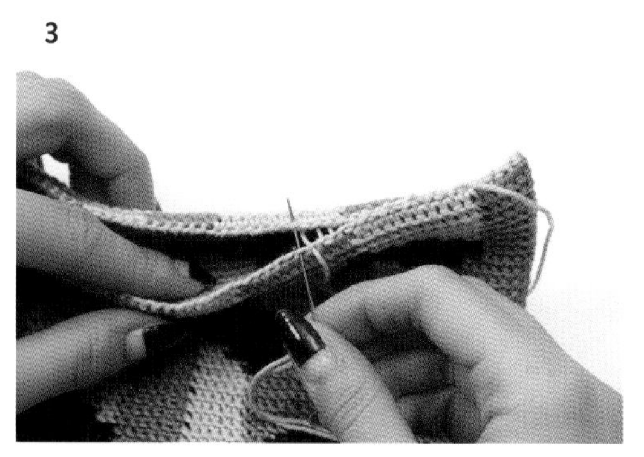

4

5

6

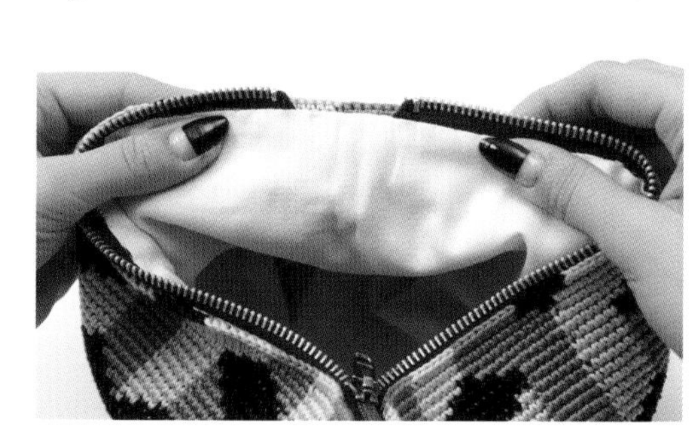

7

8

9

마무리하기

1 편물의 입구에 지퍼를 시침핀으로 고정시킨 후 가장자리의 짧은뜨기 단 사이에 지퍼를 꿰맨다. 그러면 재봉선이 보이지 않게 된다.

2 양쪽에 지퍼를 달았다.

3 돗바늘로 편물의 바닥을 잇는다. 패턴이 잘 이어지도록 주의한다.

4 바닥이 완성되었다.

5 편물 크기에 맞춰 안감을 자르고 바느질한다. 안감이 반드시 필요한 것은 아니지만 안감이 있으면 가방의 내구성이 더 좋아진다. 안감의 위쪽 가장자리를 1cm 정도 접고 지퍼의 띠 위에 안감을 놓고 튼튼한 재봉실로 직접 꿰맨다.

6 안감이 완성되었다.

7 지퍼 끝부분에 가죽끈을 달 곳을 표시한다.

8 리벳으로 가죽끈을 고정한다.

9 타일 무늬 클러치가 완성되었다!

오렌지 스트랩 클러치백

사이즈	25×22cm
코바늘	2mm (모사용 2호)
실	카타니아 면사 (대체실: 코튼2, 코튼필)
중량	색상별로 각 1타래
기타	가죽끈 (22cm) 직물 테이프 (길이 60cm, 너비 2cm) 지퍼 (20cm) 리벳 재봉실

오렌지 스트랩 클러치백은 이미 많은 인기를 끌었다. 파리에서 큰 호응을 얻었고 여러 블로그에 실리기도 했다. 심지어 뉴스에도 등장했다! 그리 놀랄 일은 아니다. 생생한 컬러감이 아프리카 직물을 연상시키고 입체 효과를 더욱 두드러지게 하기 때문이다. 그래서 오렌지 스트랩 클러치백은 눈에 띄지 않을 수 없는 가방이다. 타오르는 듯한 오렌지빛에 따뜻한 베이지색이 더해져 색감이 부드러워졌다. 안감이 없는 이 클러치백은 어느 때나 사용할 수 있는 이상적인 액세서리다!

0 1 2 3 4 5 6 7 8 9 10 11 12 13 14 15 16 17 18

22 23 24 25 26 27 28 29 30

단이 바뀌는 부분

만드는 법

베이지색 실로 사슬뜨기 151코를 만든 다음 짧은뜨기로 원통형을 만든다. 쉬는 실을 코 안에 넣고 베이지색 실로 짧은뜨기 5코를 뜬다. 다음 코에서 오렌지색 실로 바꾼다(p50 참조).

오렌지색 실로 짧은뜨기 7코를 뜨고 다음 코에서 검은색 실로 바꾼다. 검은색 실로 짧은뜨기 6코를 뜨고 다음 코에서 베이지색 실로 바꾼다. 베이지색 실로 짧은뜨기 3코를 뜨고 다음 코에서 검은색 실로 바꾼다. 검은색 실로 짧은뜨기 3코를 뜨고 다음 코에서 베이지색 실로 바꾼다. 쉬는 실은 항상 코 안에 넣어 함께 뜬다.

베이지색 실로 짧은뜨기 7코, 오렌지색 실로 8코, 검은색 실로 7코, 베이지색 실로 4코, 검은색 실로 4코를 반복하며 단을 완성한다. 단이 끝나갈 때 검은색 패턴을 뜬 후 오렌지색 실로 짧은뜨기 2코를 뜬다.

2단. 1단에 이어서 원통형으로 편물을 뜬다. 옵티컬 패턴의 입체 효과를 주는 앞이랑뜨기를 2단부터 시작한다. 코머리의 앞쪽 사슬에만 바늘을 넣어 뜨는 것이다. 쉬는 실은 항상 코 안에 넣고 함께 뜬다.

베이지색 실로 짧은뜨기 6코를 뜨고 다음 코에서 오렌지색 실로 바꾼다. 오렌지색 실로 짧은뜨기 5코를 뜨고 다음 코에서 검은색 실로 바꾼다. 검은색 실로 짧은뜨기 6코를 뜨고 다음 코에서 오렌지색 실로 바꾼다. 오렌지색 실로 짧은뜨기 1코를 뜨고 다음 코에서 베이지색 실로 바꾼다. 베이지색 실로 짧은뜨기 2코를 뜨고 다음 코에서 검은색 실로 바꾼다. 검은색 실로 짧은뜨기 2코를 뜨고 다음 코에서 오렌지색 실로 바꾼다. 오렌지색 실로 짧은뜨기 1코를 뜨고 다음 코에서 베이지색 실로 바꾼다.

베이지색 실로 짧은뜨기 7코, 오렌지색 실로 6코, 검은색 실로 7코, 오렌지색 실로 2코, 베이지색 실로 3코, 검은색 실로 3코, 오렌지색 실로 2코를 반복하며 단을 완성한다.

왼쪽 도안을 따라서 계속 편물을 뜬다. 항상 코머리의 앞쪽 사슬에만 바늘을 넣어 짧은뜨기하는 것을 잊지 말자.

총 57단으로 완성했다. 단이 바뀌는 부분이 약간 어긋나게 된다. 편물을 완성하면 실을 자르고 안으로 넣어 정리한다.

왼쪽 도안은 패턴을 30(+1)코로 나눴다.

- ✕ 베이지색 실 짧은뜨기
- ✕ 오렌지색 실 짧은뜨기
- ✕ 검은색 실 짧은뜨기

1
2
3
4
5
6
7
8

9

마무리하기

1 편물의 입구에 지퍼를 단다. 이때 지퍼의 톱니가 편물의 아래쪽 방향을 향하도록 바느질한다.

2 지퍼가 완성되었다.

3 돗바늘로 편물의 바닥을 잇는다.

4 뒤집었을 때 겉면의 패턴이 잘 이어지도록 주의한다.

5 직물 테이프로 지퍼의 재봉선을 감싼다.

6 직물 테이프를 손으로 촘촘하게 홈질한다.

7 지퍼 끝부분에서 직물 테이프의 양쪽 끝이 만나도록 한다. 가죽끈을 같은 부분에 달 것이다.

8 리벳으로 가죽끈을 고정한다. 리벳은 편물의 두 면을 모두 뚫어서 단다. 재봉실로 꿰매서 달 수도 있다.

9 오렌지 스트랩 클러치백이 완성되었다!

빈티지 스트랩 클러치백

사이즈 40×34cm
코바늘 3.5mm (모사용 6호)
실 카타니아 그란데 면사 (대체실: 클라우드, 알비조, 코튼4)
중량 색상별로 각 3타래
기타 빈티지 가죽끈 (60cm)
안감용 면 (45×40cm)
지퍼 (35cm)
직물 테이프
재봉실

빈티지 스트랩 클러치백은 패셔너블하면서도 쓰임이 많은 가방이다. 1980년대에 유행하던 벽지처럼 오렌지색, 회색, 검은색의 패턴이 우아하게 조화를 이룬다. 세 컬러가 편물로 완성되니 입체감이 더욱 살아있는 듯하다. 뜨는 기법을 한 번 알면 작품을 빨리 완성할 수 있다.

SALE

0
1
2
3
4
5
6
7
8
9
10
11
12
13
14
15
16
17
18
19
20
21

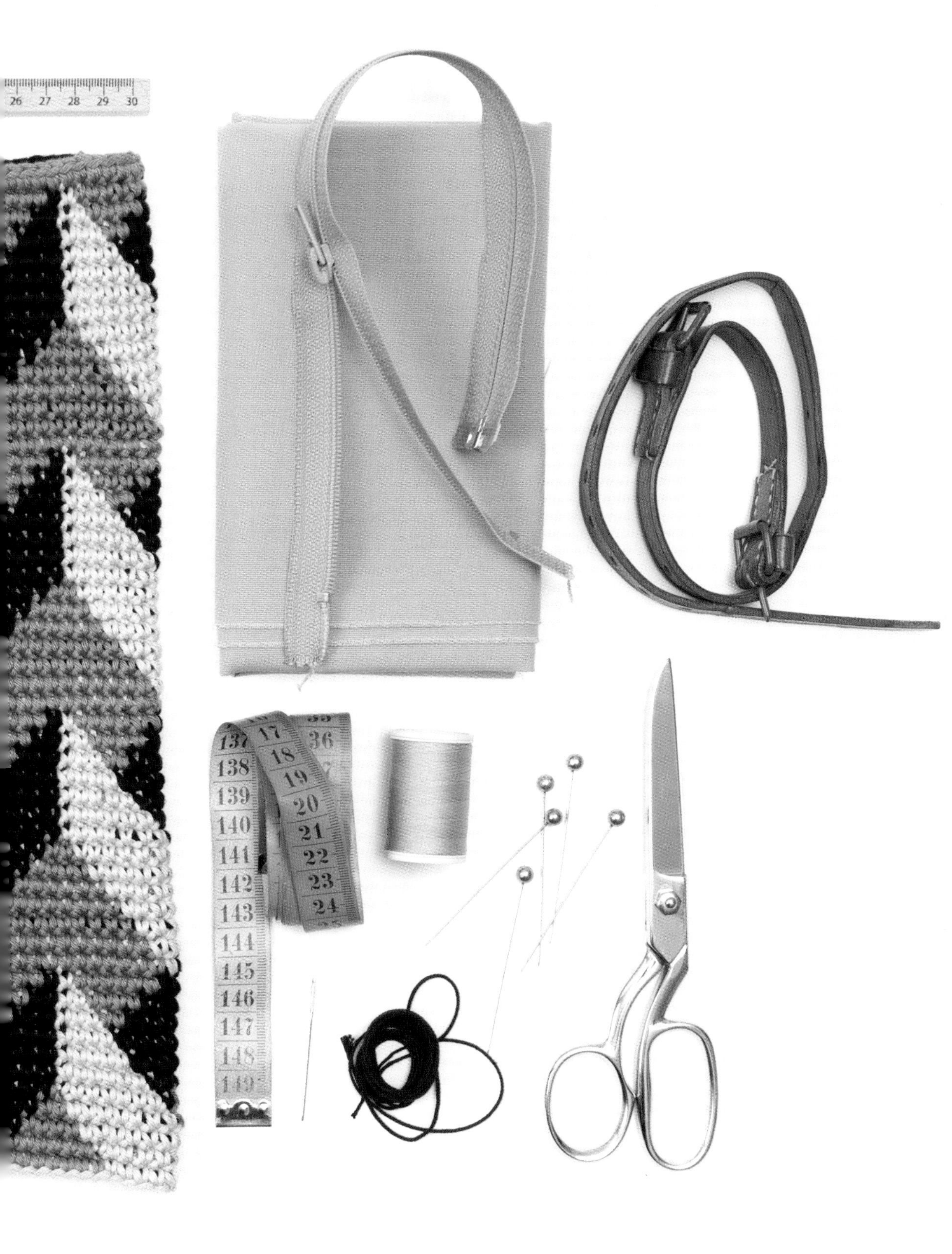
26 27 28 29 30
137 138 139 140 141 142 143 144 145 146 147 148 149
17 18 19 20 21 22 23 24
36

단이 바뀌는 부분

만드는 법

회색 실로 사슬뜨기 151코를 만든 다음 짧은뜨기로 원통형을 만든다. 쉬는 실은 코 안에 넣고 회색 실로 짧은뜨기 5코를 뜬다. 다음 코에서 오렌지색 실로 바꾼다(p50 참조).

오렌지색 실로 짧은뜨기 7코를 뜨고 다음 코에서 검은색 실로 바꾼다. 검은색 실로 짧은뜨기 6코를 뜨고 다음 코에서 회색 실로 바꾼다. 회색 실로 짧은뜨기 3코를 뜨고 다음 코에서 검은색 실로 바꾼다. 쉬는 실은 항상 코 안에 넣어 함께 뜬다.

회색 실로 짧은뜨기 7코, 오렌지색 실로 8코, 검은색 실로 7코, 회색 실로 4코, 검은색 실로 4코를 반복하며 단을 완성한다. 단이 끝나갈 때 검은색 패턴을 뜬 후 오렌지색 실로 짧은뜨기 2코를 뜬다.

2단. 1단에 이어서 원통형으로 편물을 뜬다. 옵티컬 패턴의 입체 효과를 주는 앞이랑뜨기를 2단부터 시작한다. 코의 앞쪽 사슬에만 바늘을 넣어 뜨는 것이다. 쉬는 실은 항상 코 안에 넣고 함께 뜬다.

회색 실로 짧은뜨기 6코를 뜨고 다음 코에서 오렌지색 실로 바꾼다. 오렌지색 실로 짧은뜨기 5코를 뜨고 다음 코에서 검은색 실로 바꾼다. 검은색 실로 짧은뜨기 6코를 뜨고 다음 코에서 오렌지색 실로 바꾼다. 오렌지색 실로 짧은뜨기 1코를 뜨고 다음 코에서 회색 실로 바꾼다. 회색 실로 짧은뜨기 2코를 뜨고 다음 코에서 검은색 실로 바꾼다. 검은색 실로 짧은뜨기 2코를 뜨고 다음 코에서 오렌지색 실로 바꾼다. 오렌지색 실로 짧은뜨기 1코를 뜨고 다음 코에서 회색 실로 바꾼다.

회색 실로 짧은뜨기 7코, 오렌지색 실로 6코, 검은색 실로 7코, 오렌지색 실로 2코, 회색 실로 3코, 검은색 실로 3코, 오렌지색 실로 2코를 반복하며 단을 완성한다.

왼쪽 도안을 따라서 계속 편물을 뜬다. 항상 코머리의 앞쪽 사슬에만 바늘을 넣어 짧은뜨기하는 것을 잊지 말자.

총 54단으로 완성했다. 단이 바뀌는 부분이 약간 어긋나게 된다. 편물을 완성하면 실을 자르고 안으로 넣어 정리한다.

왼쪽 도안은 패턴을 30(+1)코로 나눴다.

- ✕ 회색 실 짧은뜨기
- ✕ 검은색 실 짧은뜨기
- ✕ 오렌지색 실 짧은뜨기

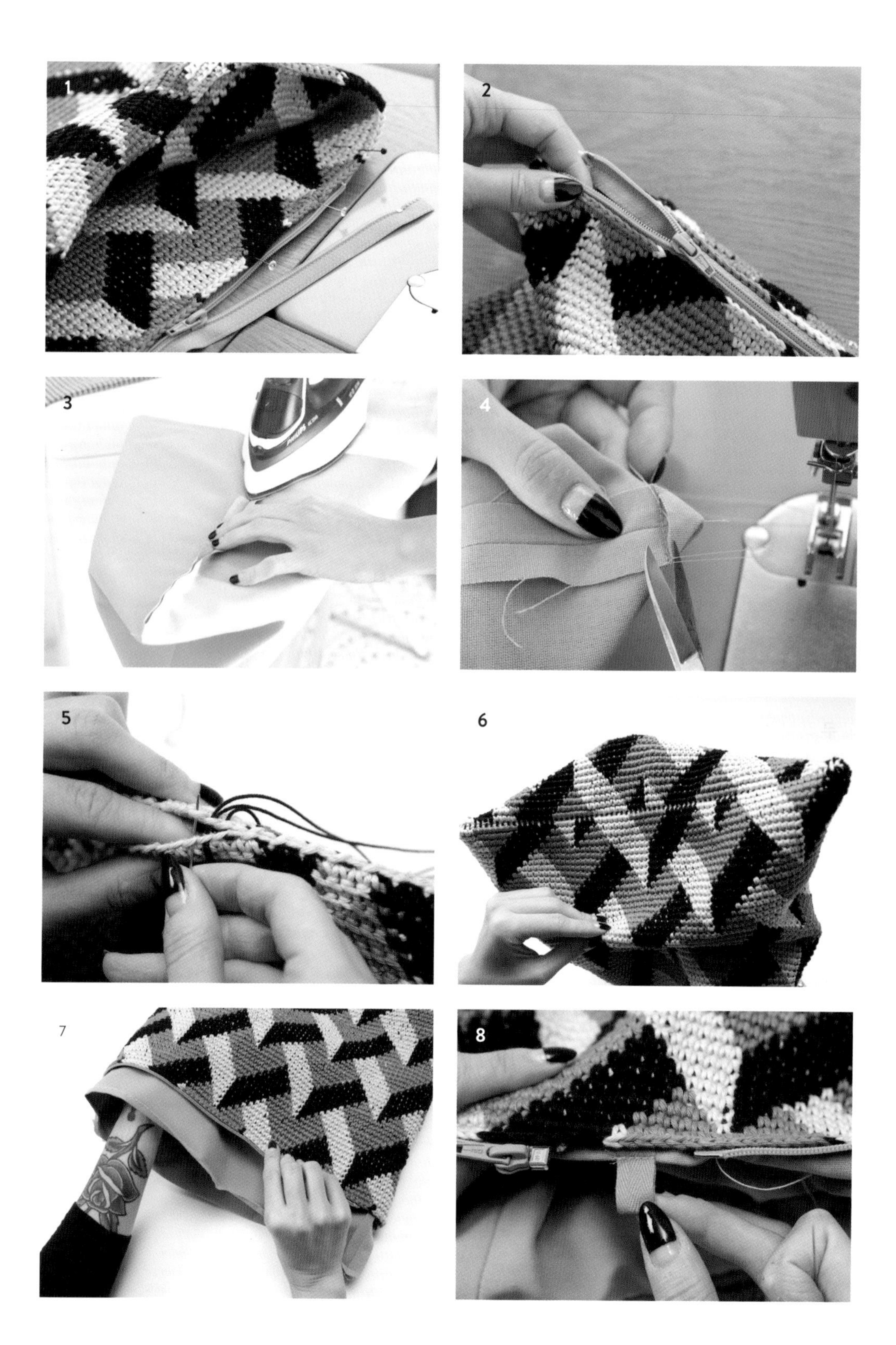
1
2
3
4
5
6
7
8

9

마무리하기

1 편물 입구에 지퍼를 달 곳에 표시한다. 지퍼 양쪽으로 패턴이 잘 이어지도록 맞춰 시침핀으로 고정시킨다. 지퍼는 편물 길이보다 약간 짧아야 한다. 그래서 양쪽에 여백이 조금 생긴다.

2 지퍼를 꿰맨다.

3 안감을 위쪽 가장자리에는 4cm(안감 안쪽에 여유분 3cm와 위쪽 가장자리 재봉을 위한 시접 1cm), 다른 3면에는 1cm 시접을 남겨두고 자른다. 안감을 꿰맨 후 솔기를 갈라 다림질한다.

4 안감의 모서리를 꿰매서 넣으면 모서리가 넓어진다.

5 돗바늘로 편물의 바닥을 잇는다. 패턴이 잘 이어지도록 주의한다.

6 바닥이 완성되었다.

7 편물 안에 안감을 넣는다.

8 편물 입구 모서리에 리본 고리를 꿰맨다. 재봉틀을 이용하거나 손으로 직접 꿰매도 된다. 재봉실을 이용하여 지퍼 가장자리에 안감을 꿰맨다.

9 안감이 완성되었다. 리본 고리는 지퍼를 여닫을 때 편리하다.

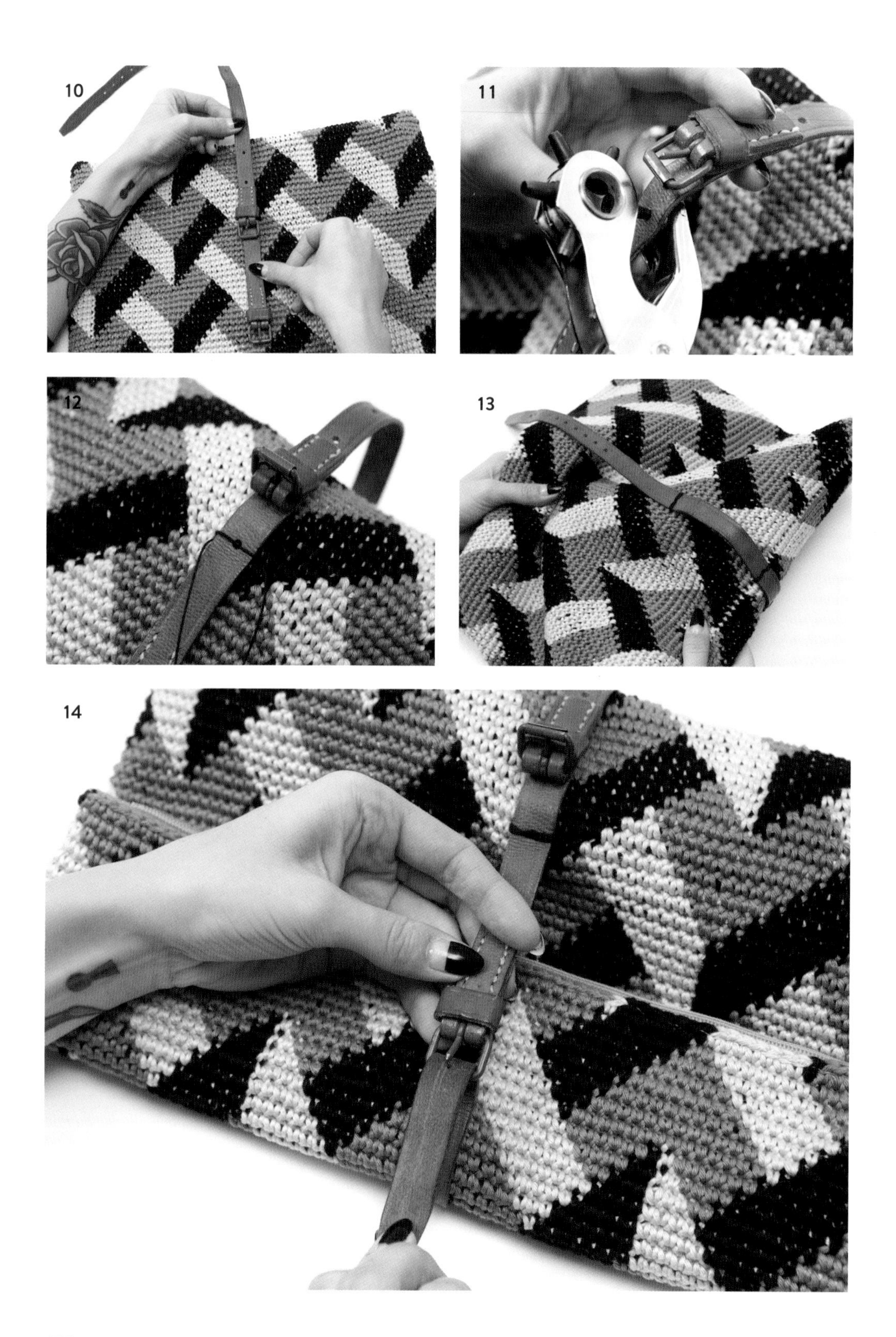
10
11
12
13
14

15

10 가방 앞면에 가죽끈 달 곳을 표시한다.

11 꿰매기 편하도록 가죽끈에 구멍을 몇 개 뚫는다. 가죽끈은 여러 곳에 고정한다. 여기서는 3곳에 고정할 예정이므로 세 곳에 구멍을 뚫는다.

12 편물에 가죽끈을 꿰맨다.

13 앞면과 뒷면, 바닥에 가죽끈을 꿰맸다. 가죽끈을 너무 위쪽에 달지 않도록 주의한다. 뒷면에는 바닥에서 12cm 정도 되는 곳에 바느질을 했다.

14 가죽끈을 조였다 풀었다 하면서 가방의 크기를 조절할 수 있다.

15 빈티지 스트랩 클러치백이 완성되었다!

4

건강한
손뜨개

건강한 손뜨개를 위한 요가

코바늘 손뜨개를 한 후에는 요가로 몸을 천천히 풀어주자. 어깨가 뭉치거나 무거운 느낌이 들면 몸 전체나 일부분을 풀어주자. 요가는 마음을 진정시키고 자세도 교정해준다. 잠자리에 들기 전이나 하루를 시작하기 전 요가를 하면 더욱 좋다. 요가를 하면서 컨디션이 좋아지고 호흡이 안정되는 것을 느끼게 될 것이다. 만약 요가를 하는 도중에 근육이 땅기는 느낌이 들더라도 작은 웃음으로 긴장을 흘려보내자.
이 요가는 특히 코바늘 손뜨개를 하는 사람들을 위해 사진 속 요가 전문가인 메리 모르(Meri Mort) 씨가 만든 것이다.

1 운동하는 동안 편안하게 천천히 코로 호흡한다. 등을 바닥에 대고 누워 무릎을 접고 발을 바닥에 둔다. 근육이 땅겨지지 않도록 하면서 머리를 왼쪽에서 오른쪽으로 돌리고 다시 오른쪽에서 왼쪽으로 돌린다. 그 자세에서 내 몸을 끌어당기는 중력을 느낀다. 등에서 느껴지는 감각을 의식하면서 눈을 감고 호흡에 집중한다. 폐가 커졌다 작아졌다 하는 것을 느끼며 정신을 이완한다. 이완되는 느낌이 충분히 들면 무릎을 접은 채 배 위에 두고 바닥에 등을 대고 등허리를 문지른다.

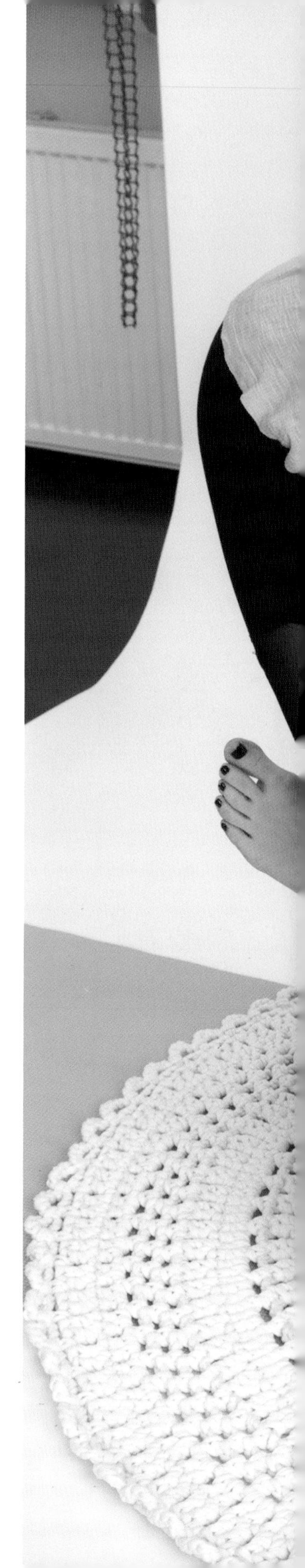

1

2-4 무릎 위에 손을 올리고 안에서 밖으로, 다시 밖에서 안으로 큰 원을 그리며 무릎을 돌린다. 무릎이 배와 반대 방향에 있을 때 숨을 들이마시고 배 위에 있을 때 숨을 깊게 내쉰다. 호흡하면서 신체에서 일어나는 일정한 움직임을 느낀다.

5 엄지발가락을 마주대고 무릎을 최대한 벌린다. 발목을 손으로 잡고 팔을 앞으로 쭉 뻗는다. 배꼽을 척추 쪽으로 천천히 끌어당기고 등이 굽지 않도록 한다. 오랫동안 심호흡하며 이 개구리 자세를 유지한다. 무릎을 가슴 위로 올리고 머리를 당겨 등허리를 둥글게 만든다.

5

6

7

8

6-7 다리를 하늘을 향해 들어 올려 쭉 편다. 심호흡도 함께 할 수 있다. 손바닥을 아래로 향한 채 발가락 끝을 올리면서 숨을 들이마신 후 고양이처럼 소리를 내며 손바닥과 발바닥을 하늘을 향하게 하면서 숨을 내쉰다.

8 몸을 천천히 일으키고 다리를 어깨만큼 벌린다. 골반을 왼쪽에서 오른쪽으로, 다시 오른쪽에서 왼쪽으로 원을 그린다. 무릎은 편안하게 따라간다. 좋아하는 음악의 리듬과 에너지를 이용해 몸 전체를 돌리며 소용돌이나 원을 몸이 따라가도록 하자!

9 쿠션 위에 양반다리를 하고 앉아서 꼬리뼈가 바닥에 닿고 머리는 하늘에 닿을 듯한 느낌을 의식한다. 척추를 수직으로 쭉 늘린다. 오른쪽 팔을 하늘을 향해 쭉 뻗은 후 등 뒤로 팔꿈치를 접는다. 두 손을 등 뒤로 모은다. 만약 서로 닿지 않는다면 줄을 이용해 보자. 아니면 코바늘도 좋다! 두 손목이 꺾이지 않게 한다. 어깨는 축 처지도록 내버려 두면서 머리 뒤에서 하늘을 향하고 있는 팔꿈치는 스트레칭을 한다. 목덜미에는 힘을 뺐다가 쭉 늘린다. 팔을 바꿔 같은 방법으로 운동한다.

10 손을 쭉 펴면서 손바닥을 바닥에 놓는다. 반대쪽 팔을 들고 바닥에 손을 놓은 쪽으로 몸을 굽힌다. 그러면 골반에서부터 손가락 끝까지 이완되는 것이 느껴진다. 이때 엉덩이가 들리지 않도록 한다. 팔을 바꿔 같은 방법으로 운동한다. 여러 번 반복하면 운동이 점점 더 편해지고 자세가 점진적으로 열리는 것이 느껴질 것이다.

9

10

11

12

11 팔을 앞으로 쭉 펴고 손바닥을 하늘을 향하게 한 후 반대 쪽 손으로 손가락의 끝을 아래로 당긴다. 어깨부터 손가락 끝까지 팔 전체가 이완되는 것을 느낀다. 가끔 팔꿈치를 구부려 팔이 활모양이 되도록 한다. 양팔에 여러 번 반복한다. 그런 다음 깍지를 끼고 손바닥이 바깥쪽을 향하도록 한 후 하늘을 향해 쭉 뻗는다. 손목에 무리가 가지 않도록 하고 손가락과 손바닥은 곧게 편다. 운동을 마칠 때는 손목을 흔들어 풀어준다.

12 바닥에 앉는다. 두 손을 모아 가슴 높이에 두고 합장 자세 안잘리 무드라(Anjali Mudra)를 한다. 손바닥을 마주대고 손가락 끝을 하늘이 향하도록 하는 것이다. 심호흡하고 척추를 따라 머리끝까지 차오르는 에너지를 느낀다. 떠오르는 생각을 붙잡지 않고 생각의 흐름에 따른다. 그런 다음 손바닥에 조금 더 강한 압력을 주고 손가락 끝이 바닥을 향하도록 돌린다.

13

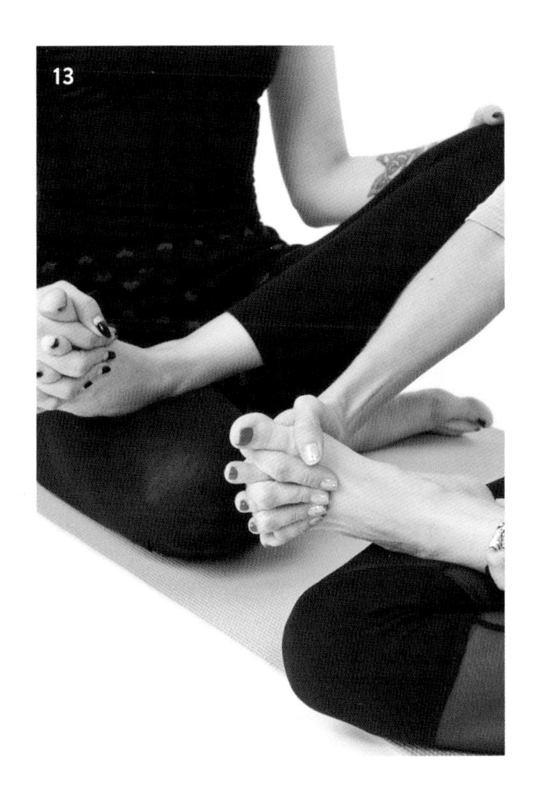

14

15

13 발바닥과 발가락을 강하게 마사지한다. 발가락 사이에 손가락을 넣어 주먹을 쥐었다 폈다 한다. 반대쪽 발도 같은 방법으로 마사지한다. 발바닥을 바닥에 두고 마사지 효과를 느껴본다. 예를 들어 발을 바닥에 딛고 발을 웅크려본다.

14 등을 바닥에 대고 누워 무릎을 굽혀 배 위에 오게 한다. 어깨를 편 채 무릎을 잡고 심호흡한다. 등허리에서 호흡을 느낀다. 운동하면서 언제나 이런 자세를 취해도 좋다.

15 무릎을 모으고 굽혀 배 위에 오게 한다. 무릎을 왼쪽에서 오른쪽으로, 다시 오른쪽에서 왼쪽으로 젖혀 등이 이완되는 것을 느낀다. 무릎을 한쪽에 두고 동시에 손을 허벅지에 올려놓는다. 얼굴은 반대편을 향한다. 몸이 풀리는 것을 느낀다. 반대편 무릎도 같은 방법으로 운동한다.

등을 바닥에 대고 누운 채 운동을 끝낸다. 더 열린 자세를 원한다면 러그를 말아서 어깨뼈 밑에 두고 눕는다. 무릎을 굽히고 발뒤꿈치를 모아 허벅지를 붙인다. 무릎을 벌려 발바닥이 서로 맞닿게 한다. 심호흡하면서 골반이 이완되는 것을 느낀다. 두 손을 머리 위로 올린다. 운동을 마칠 때는 러그를 치우고 다리를 편다. 두 손을 배 위에 올려놓는다. 심호흡하면서 배가 오르내리는 것을 느낀다. 온몸에 힘을 빼고 지금 이 순간을 즐긴다.

손 관리하기

요가로 신체를 내부적으로 수련했다면 손은 특히 외부적인 케어가 필요하다. 손은 우리 신체의 특별한 도구이기 때문이다. 다양한 소재를 다루는 만큼 손은 금세 건조해진다. 추울 때는 더욱 잘 손상된다. 코바늘 손뜨개는 반복적인 동작을 하기 때문에 손에 티눈이 생기기도 한다. 내 손은 이미 코끼리 가죽처럼 거칠어 특별 케어가 필요하다. 다양한 소재를 쉼 없이 다루기 때문에 신체의 다른 부분보다 손은 더 빨리 노화된다. 만약 내가 더 꼼꼼한 사람이었다면 매일 밤 손에 핸드 오일을 듬뿍 바르고 면 소재 장갑을 끼고 있었을 것이다. 그렇게 엄격하게 해오지 않았지만 이제는 규칙적으로 핸드크림을 바르고 있다. 손 각질도 관리 중이다.
허브를 주성분으로 만든 핸드크림을 추천한다. 특히 코바늘 손뜨개를 하는 사람들에게는 손 각질 관리를 위해 밤 유형의 핸드크림이 좋고 어깨 근육통에는 마사지 오일을 추천한다!

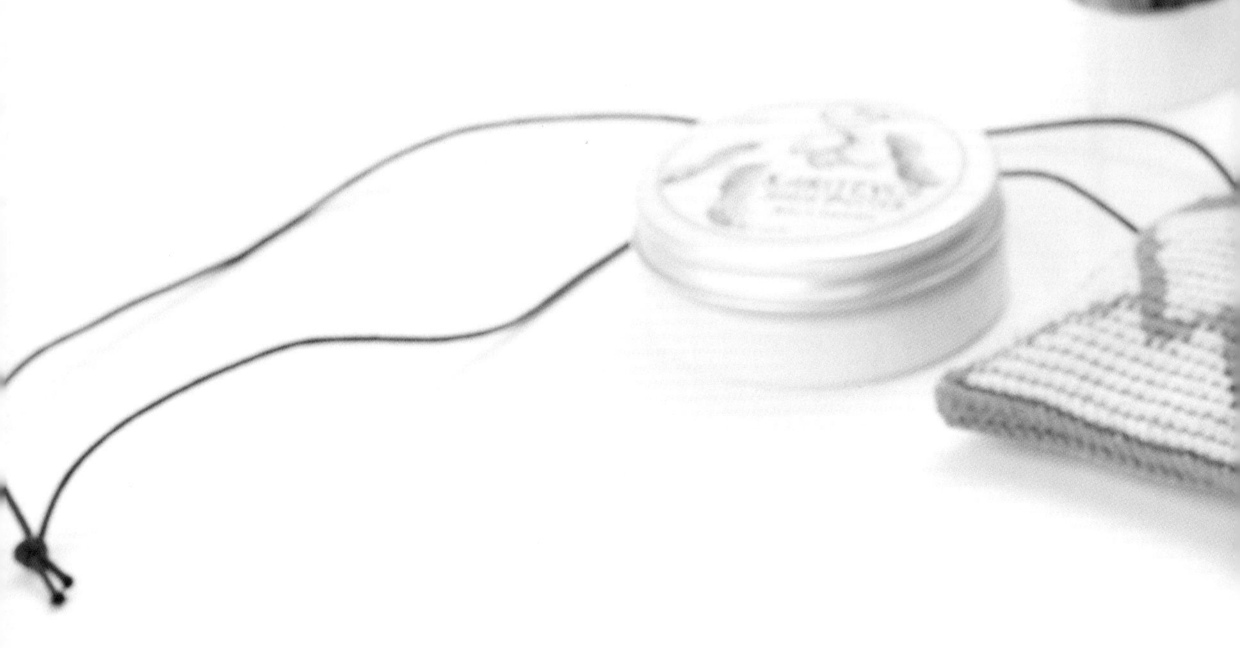

Ainon
viimeinen toivo
hoitobalsami

도움을 주신 분들

안니나, 파울리와 에드빈
살라-카리나 윌리-루오파
마르코 멜란더
야나 만네르
메리 모르
벨다 파르키넨
한나 코놀라
미미와 모모
어머니와 할머니
민나 새랠래, 팔로니
키르스티 카르피넨, 카우하반 칸가사이타
마리아 레이보, 티오크트
칼렌테리-프로예크티
올 파운드, 헬싱키
스튜디오 린넌라울루, 헬싱키
버스스톱 클로딩, 라우마
수오멘 카시튀왼 무세오
수오멘 메수세티오
토위산 켄카테흐다스, 토위사
카이노, 코윌리오
프란칠란 루오무위르티틸라, 해멘퀴뢰

모던 시크 코바늘 손뜨개 2

2018년 10월 2일 1쇄 발행
2021년 5월 15일 2쇄 발행

지은이 | 몰라 밀스
옮긴이 | 구영옥
감　수 | 박진선
펴낸곳 | 윌스타일
펴낸이 | 김화수
등록번호 | 제2019-000052호
전　화 | 02-725-9597
팩　스 | 02-725-0312
이메일 | willcompanybook@naver.com
ISBN | 979-11-85676-50-0　13590

이 도서의 국립중앙도서관 출판예정도서목록(CIP)은 서지정보유통지원시스템 홈페이지(http://seoji.nl.go.kr)와 국가자료공동목록시스템(http://www.nl.go.kr/kolisnet)에서 이용하실 수 있습니다.(CIP제어번호: CIP2018029344)